U0179800

之江实验室 ZHEJIANG LAB | 智能计算丛书 Intelligent Computing Series

丛书主编◎朱世强
丛书副主编◎赵新龙
赵志峰
陈 光

智能计算

Intelligent Computing

朱世强 万志国 主编

ZHEJIANG UNIVERSITY PRESS
浙江大学出版社
·杭州·

图书在版编目(CIP)数据

智能计算／朱世强，万志国主编. —杭州：浙江
大学出版社，2022.11(2023.7 重印)
　　ISBN 978-7-308-22904-3

　　Ⅰ.①智⋯ Ⅱ.①朱⋯ ②万⋯ Ⅲ.①人工智能－计
算 Ⅳ.①TP183

　　中国版本图书馆 CIP 数据核字(2022)第 140486 号

智能计算

朱世强　　万志国　　主编

策划编辑	秦婧雅
责任编辑	金佩雯　刘　瑾
责任校对	殷晓彤　蔡晓欢
责任印制	范洪法
封面设计	续设计
出版发行	浙江大学出版社
	(杭州市天目山路 148 号　邮政编码 310007)
	(网址：http://www.zjupress.com)
排　　版	杭州星云光电图文制作有限公司
印　　刷	杭州钱江彩色印务有限公司
开　　本	710mm×1000mm　1/16
印　　张	10.5
字　　数	140 千
版 印 次	2022 年 11 月第 1 版　2023 年 7 月第 2 次印刷
书　　号	ISBN 978-7-308-22904-3
定　　价	98.00 元

浙江大学出版社市场运营中心联系方式：0571-88925591；http://zjdxcbs.tmall.com

丛 书 序

智能计算——迈向数字文明新时代的必由之路

　　纵观人类生产力发展史,社会主要经济形态经历了从依靠人力的原始经济到依靠畜力的农业经济,再到依靠能源动力的工业经济的变迁,正在加速进入依靠算力的数字经济时代。高性能算力对数据要素的高速驱动、海量处理和智能分析,成为支撑数字经济、数字社会和数字政府发展的核心基础。在全球新一轮科技革命与产业变革中,以算法、数据、算力为"三驾马车"的人工智能技术成为创新的先导力量,不断拓展新的发展领域,推动人类社会持续发生着巨大变革。未来,人类社会必将迈入人-机-物三元融合的"万物皆数"智慧时代,这背后同样需要强大的算力支撑。

　　与可预见的爆发式增长的算力需求相对的,是越来越捉襟见肘的算力增长。既有算法面临海量数据的挑战,对算力能效的要求越来越严格,算力的提升不得不考虑各类终端接入方式的限制……在未来十年内,摩尔定律可能濒临失效,人类将面临算力短缺的世界性难题。如何破题?之江实验室提出要发展智能计算,为算力插上智慧的"翅膀"。

　　我们认为,智能计算是支撑万物互联的数字文明时代的新型计算理论方法、架构体系和技术能力的总称。其核心思想是根据任务所需,以最佳方式利用既有计算资源和最恰当的计算方法,解决实际问题。智能计算不是超级计算、云计算的替代品,也不是现有计算的简单集成品,而是要在充分利用现有的各种算力和算法的同时,推动形成新的算力和算法,以广域协同计算平台为支撑,自动调度和配置算力资源,实现对任务的快速求解。

作为一个新生事物,智能计算正在反复论证和迭代中螺旋上升。在过去五年里,我们统筹运用智能技术和计算技术,对智能计算的理论方法、软硬件架构体系、技术应用支撑等进行了系统性、变革性探索,取得了阶段性进展,积累了一些理论思考和实践经验,得到三点重要体悟。

(1)智能计算的发展需要构建新的技术体系。随着计算场景与计算架构变得更加复杂多元,任何一种单一计算方式都会遇到应用系统无法兼容及执行效率不高的问题,推动计算资源和计算模式的广域协同能够同时满足算力和能效的要求。通过存算一体、异构融合、广域协同等新型智能计算架构构建智能计算技术体系,借助广域协同的多元算力融合,能够更好地实现算力按需定义和高效聚合。

(2)智能计算的发展将带来新的科技创新范式。智能计算所带来的澎湃算力在科研上的应用将支撑宽口径多学科融合交叉,为变革科技创新的组织模式、形成社会化大协同的创新形态提供重要支撑。智能计算所带来的先进算法将有助于自主智能无人系统突破未知场景理解、多维时空信息融合感知、任务理解和决策、多智能体协同等关键技术,为孕育和孵化未来产业、实现"机器换人"、驱动产业升级提供新的可能性。

(3)智能计算的发展将推动社会治理发生根本性变革。智能感知所带来的海量数据与智能计算的实时大数据处理能力,将为社会治理提供新方法、新工具、新手段。依托智能计算的复杂问题预测分析求解能力,实现对公共信息和变化脉络的深入理解和敏锐感知,形成社会治理整体设计方案和成套应用技术方案,有力推动社会治理从经验应对向科学决策的跃迁。

　　站在信息产业由爆发式增长转向系统化精进的重要关口，智能计算未来的发展仍然面临着算力需求巨量化、算力价值多元化、智能计算系统重构化、智能计算标准规范化等多重挑战。在之江实验室成立五周年之际，我们以丛书的形式回顾和总结之江实验室在智能计算方面的思考、探索和实践，以期在更大范围内凝聚共识，与社会各界一道，利用智能计算技术，服务我国社会经济高质量发展。

　　我也借着本丛书出版的契机，感谢国家、浙江省及国内外同行对之江实验室在智能计算领域探索的大力支持，感谢各位专家和同事的辛勤工作。

朱世强

2022 年 9 月 6 日

前　言

　　人类智慧的进步体现在人类所创造的计算工具上，这些工具对人类文明的发展起到了不可替代的作用。无论是远古时代的结绳记事、算盘，还是现在的个人电脑和超级计算机，计算工具的进步改变了人类的生产方式，提升了人类的生产效率。计算作为重要的生产力，已经渗透到社会经济的各个环节，演变为一种泛在的能力。正如尼葛洛庞帝(Negroponte)在《数字化生存》中所言，计算不再只与计算机相关，它决定了人类的生存，并成为人类社会生活方式的重要组成部分。

　　当前，全球计算技术呈现出百花齐放的态势，移动互联网、云计算、大数据、人工智能以及5G通信技术的发展对计算产业的发展起到了推动作用。尤其是新冠肺炎疫情暴发以来，线上工作以及其他多种线上活动成为常态，这进一步提升了对数字化计算的性能要求。各国都积极行动，制定计算产业发展策略，例如，欧盟提出7500亿欧元的数字基础设施建设计划"下一代欧盟"(Next Generation EU)，加快部署高性能云计算、边缘计算和人工智能产业应用。中国计算产业也在不断创新发展，相继推出神威·太湖之光、类脑计算芯片、生物计算、量子计算原型机等一系列具有国际先进水平的创新成果。

　　目前，我们正处在从信息社会向未来人-机-物三元空间融合的智慧社会迈进的关键时期，即将迎来人类发展的第四次浪潮。可是，就在这个计算无处不在的时代，勤劳的计算却遇到了"悟性的瓶颈"。搜索引擎常常无法找到搜索者真正想要的内容，智能客服也往往答非所问,手机导航不会告知高速入口因大雾封闭……这样的例子举不胜举。我们被计算机带入了这个令人兴奋不已的数字时代,但恰恰又被计算机的短板困住了快速前行的脚步。

计算技术正面临一次颠覆式创新,因此我们呼唤"智能计算"的到来,希望它可以突破"悟性的瓶颈"。与超算的高算力密度和云计算的按需服务不同,智能计算更加希望付出较少的代价,强调解决问题的能力。当然智能计算也会非常注重普惠泛在,毕竟在未来三元空间融合的智慧社会,计算只会渗透得更广、更深,也会变得更加透明、更加绿色。要突破计算"悟性的瓶颈",让计算回归解决问题的本意,提升能力并减小代价,需要理论方法、架构体系、计算调度、系统服务等全方位的创新和变革。智能计算将支撑我们从数据智能走向感知智能、认知智能和人机融合智能。智能计算不仅是面向智能的计算,也是智能驱动的计算;智能和计算互为手段和目标,循环迭代、螺旋上升,在交叉融合的过程中实现自主进化。

目前,我们正处在智能计算发展的概念期和萌芽期。之江实验室把构建智能计算的理论体系、技术体系和标准体系作为主要战略方向,对智能计算研究做了全面布局和初步的创新探索。以此为基础,面对新一次科研范式变革的重大机遇,之江实验室策划并启动建设智能计算数字反应堆科学装置,将智能计算的创新发展与未来科学发现和产业社会的创新发展紧密耦合,从而为我们迈向智慧社会提供支撑。

智能计算的研究才刚刚开始,这本《智能计算》也仅仅是一个起点、一个火种。我们坚信,星星之火可以燎原。相信在迈向未来的道路上,我们将会有越来越多的同行者。期待我们共同携手,开创计算技术创新发展的新阶段,迈向智能计算新时代。

编　者

2022 年 4 月于杭州南湖

目　录

1 智能计算的源起

1.1 无处不在的计算

第三次工业革命以电子计算机等技术的发明和应用为主要标志,是继蒸汽机技术和电力技术之后的又一次重大飞跃,这次革命极大地推动了人类社会、经济、政治、文化领域的变革,尤其是计算技术的发展,深刻地影响了人类的生活方式和思维模式。计算技术不仅在科学研究上发挥了巨大作用,助力材料、制药、育种、天文、基因等前沿领域的发展,而且已经渗透到我们衣食住行等各个方面,极大地提高了我们的生活水平。

以手机导航(图 1-1)为例,日常的智能手机通过卫星定位系统即可开启导航服务,方便快捷。手机导航系统不仅可以随时告诉用户其所处的位置,还可以为用户规划路线,支持行程时间预估和实时路况查询,帮助用户规避拥堵路段或施工路段,为用户出行节省时间。在这个过程中,计算技术起到了关键的作用。

首先,导航过程需要处理高度动态、瞬时变化的实时路况数据,计算技术的发展让大量数据的实时处理成为可能。通过智能移动设备的卫星定位模块可以获取用户位置、速度、方向等数据,数以亿计的用户将产生

图 1-1　手机导航

海量的实时数据。这些实时数据传输到云端服务器,服务器根据收集到的用户位置信息进行实时数据分析,计算道路上行驶的车辆的平均速度,根据计算模型提供备选路线,并计算各路线的预估时间以供用户参考。

其次,导航系统综合各类传感器感知的路况信息,通过计算模型实现高精准的线路规划。如今的智能汽车配置了摄像头、毫米波雷达和超声波雷达等先进的传感器,可以准确感知周围的环境和路况。通过手机端、车端传感器和路端设备协同,感知道路交通状况,通过部署在边缘的计算节点和云端服务器协同,进行计算和分析,实现全局交通状态的监控和调度,为用户提供实时的路况查询,了解前方道路的拥堵、交通事故和限行等情况,让用户出行无忧。

可以看出,计算技术支撑起导航功能实现的每一步。不仅仅是手机导航这个例子,比如家家户户用到的电饭煲,它们通过灵敏感温,利用智能温控的计算技术实现智能烹饪;又比如搭载毫米波雷达、超声波雷达、摄像头、全球定位系统(global positioning system,GPS)的智能汽车,它们采用多传感器融合计算实现自动驾驶;再比如老百姓每天都会查看的天气预报,背后也有超级计算的加持……实际上,无感的计算已渗透到社会的每个角落。

1.2 计算的发展历程

计算的发展历程源远流长,概括来说,主要经历了六个阶段(图1-2)。第一阶段属于手工计算阶段,最原始的结绳记事和古人发明的筹算、珠算都属于这一阶段。第二阶段,波斯学者制定了阿拉伯数字运算规则,这标志着算法的出现。第三阶段,前人在利用机器进行算法自动化执行方面进行了尝试,加法机、计算器和差分机一一诞生,机器计算得到了发展。第四阶段,二进制系统的发明,为日后计算机发展奠定了基础,布尔代数、香农电路逻辑等一系列理论方法应运而生。第五阶段,计算机理论和框架初现原形,图灵构建了图灵机计算模型并提出机器取代人类进行数学运算的设想,冯·诺依曼(John von Neumann)的研究为经典计算机体系架构的发明奠定了理论基础。第六阶段为现代计算机阶段,自第一台通用电子计算机ENIAC(Electronic Numerical Integrator and Computer,电子数字积分计算机)问世以来,越来越多的高性能计算机被研制出来。ENIAC宣告了一个新时代的开始,从此科学计算的大门被打开了。

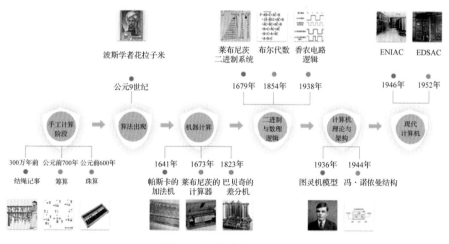

图1-2　计算的发展历程

1.2.1　早期的计算

300万年前,人类基于记事的需求,发展了结绳计数的方法。《周易·系辞》记载:"上古结绳而治。"最古老的计算活动发生在公元前2500年的美索不达米亚平原[1]。在对美索不达米亚文明的考古中发现了很多泥板,其中有一块泥板记录了当时所提出的一个计算问题:一个谷仓中有1152000份粮食,若每个人可分7份,那么一共可以分给多少人? 4000多年后的今天,利用小学数学知识即可解决这个基本的除法计算问题,但在当时数学这门学科都未建立的情况下,对于如此"庞大"的数学计算,美索不达米亚人求解出了精确的结果——164571,这是极为难得的。事实上,美索不达米亚人不仅能够完成乘除运算,而且还能解二次方程,计算矩形、三角形和圆形的面积。这些早期的计算方法主要被美索不达米亚人用来进行土地丈量、税收计算、财产分割、天文观测和建筑工程测算等工作。

春秋时期,中国古人发明并开始使用筹算[2],还发展出一系列计算方法。基于这套方法可以很方便地进行四则运算,甚至能进行乘方、开方等较复杂的运算。此外,筹算体系还可以对零、负数和分数进行表示与计算。南北朝时期的数学著作《孙子算经》详细记载了筹算的制度和方法,其中包括筹算乘法和除法的规则。

从结绳计数到筹算以及珠算[3],本质上都是用符号表征的记数方式和相应的计算方式的变化。这一系列演变显示出计算方式越来越多样性且不断进化的趋势。相对于后来出现的机器计算方式,上述各种计算方式均可归结为"手工计算方式",其特点是用手工操作符号,以实施符号的变换。

1.2.2　算法出现与机器计算

"算法"一词由公元9世纪的波斯学者阿尔-花拉子米[4](Al-Khowarizmi)发明,这位学者也被誉为"代数之父"。他制定了阿拉伯数字运算规则,他的名字"Al-Khowarizmi"的拉丁文音译即为"algorithm"(代数)的来源。从今天的定义来看,算法本质上也是一个抽象的规则,无论是筹算、珠算还是笔算,都有一套给定的规则或步骤,基于这些规则或步骤可以对给定的问题进行求解。算法是一个抽象的"菜谱",它规定的程序步骤可以由人、计算机或其他方式执行[5]。目前已知最早的算法是欧几里得算法,该算法出现在公元前400年前后,用来求两个正整数的最大公约数。

由人来执行算法可能出现各种问题。一方面,由人执行计算容易出错,可靠性较低;另一方面,若计算过程过于复杂,则人力无法胜任。

对于上述第一个问题,突出的例子是在有"航海家圣经"之称的《大不列颠航海天文年鉴》(British Nautical Almanac)的数表中,存在大量的人为计算错误,这些错误导致表格的准确度下降,甚至引发了很多海难。由此,前人想到利用机器进行计算,以降低出错率,提高计算速度。1641年,18岁的法国数学家布莱士·帕斯卡(Blaise Pascal)由机械时钟得到启示:机械的齿轮也能用来进行记数。以此为启发,帕斯卡成功制作了一台齿轮传动的八位加法计算机,这标志着人类的计算方式和计算技术进入了一个新的阶段。1673年,德国数学家戈特弗里德·威廉·莱布尼茨(Gottfried Wilhelm Leibniz)在帕斯卡的八位加法计算机的基础上,又制造了能进行简单加、减、乘、除四则运算的计算机器。1823年,英国人查尔斯·巴贝奇(Charles Babbage)设计了差分机,这是第一个由政府资助的计算机项目,该项目耗费了英国政府17000英镑。但是由于当时各种条件的限制,巴贝奇的设计并未得到完全的实现。直到1991年,英国博物馆才制造出一台可实际运转的差分机模型,以纪念巴贝奇的开创性贡献。巴贝奇在设计出差分机之后,又进一步提出了建造功能更为强大、更加通用的分析机,用于计算对数、三角函数以及其他算术函数。尽管这种分析机从未变成现实,但是其中蕴含的设计思想仍然能在现代计算中找到痕迹。

上述第二个问题在复杂的军事应用中尤为突出。军事运用中计算问题的复杂度也直接推动了世界上第一台通用电子计算机 ENIAC 的诞生——ENIAC 的研发初衷是加速炮弹的弹道计算。ENIAC 的研制成功标志着人类进入一个全新的计算技术时代,由此开启了数字计算的新纪元。

1.2.3　二进制与现代计算机

电子计算机分为模拟式电子计算机和数字式电子计算机。现代计算机一般指通用数字电子计算机,它是当今世界电子计算机行业中的主流,其内部处理的是一种称为符号信号或数字信号的电信号。现行的计算机都采用二进制,这并不是一个巧合,而是通过实践不断改进和证明的结果:二进制不仅能让计算机的设计更为简单,还有深刻的理论基础作为依托。二进制的研究源于德国著名数学家莱布尼茨,其在 1679 年出版的《数字的二进制系统》[6]一书中,对二进制进行了探讨,并提出了二进制的表示及运算。莱布尼茨认为一切数都可以用 0 和 1 创造出来,现代计算机也正是用 0 和 1 来表示数的。

用于现代计算机的二进制理论基于布尔代数。布尔代数[7]即由乔治·布尔(George Boole)所提出的逻辑代数学,这种逻辑代数理论建立在两种逻辑值("True""False")和三种逻辑关系("AND""OR""NOT")之上。按照逻辑代数学理论,逻辑中的各种命题都可以用数学符号来表示,并能依据规则推导出逻辑问题的结论。人类的推理和判断,由此就变成了数学运算。布尔的理论为数字电子计算机、形式逻辑元件和逻辑电路的设计奠定了理论基础。布尔的代数理论经过不断发展,形成现代计算机的理论基础——数理逻辑。

信息论创始人克劳德·香农(Claude Shannon)于 1938 年在其论文"A symbolic analysis of relay and switching circuits"(《继电器与开关电路的逻辑分析》)[8]中指出,可用二进制系统来表达布尔代数中的逻辑关系,用"1"代表"True"(真),用"0"代表"False"(假),并由此用二进制系统来构筑逻辑运算系统。基于布尔代数,电子计算机就能像处理普通计算一样,执行任何一个机械的推理过程。通过香农的工作,布尔代数与计算机二进制被联系到一起。

计算机理论的奠基工作是由"计算机之父"阿兰·图灵(Alan Mathison Turing)完成的。他在1936年发表的"On computable numbers, with an application to the Entscheidungsproblem"(《论可计算数及在密码上的应用》)[9]一文中严格地描述了计算机的逻辑结构,并首次提出了计算机的通用模型——图灵机。图灵机模型不仅能进行算术运算和符号操作,还能进行数学推理和数学命题的证明。图灵机[10]的强大之处在于其通用性,即一台通用的图灵机可以模拟任何特定图灵机的行为,这成为通用电子计算机的理论基础。为纪念图灵对计算机理论科学的巨大贡献,美国计算机协会(Association for Computing Machinery, ACM)设立了"图灵奖"。

现代计算机的基本结构则离不开冯·诺依曼的巨大贡献。冯·诺依曼是公认的天才,在数学、博弈论、物理等领域均有杰出的贡献。1944年,在美国研制核武器的过程中,冯·诺依曼作为顾问参与了ENIAC的研制。为了克服ENIAC研制过程中所遇到的问题,冯·诺依曼提出了一个全新的基于存储程序的通用电子计算机方案[11]。该方案提出,计算机由五个部分组成:运算器、控制器、存储器、输出和输入。此外,该方案还有两个方面的重大创新:①利用二进制来简化计算机结构;②建立存储程序,将指令和数据放进存储器,从而加快运算速度。基于此方案的EDVAC(Electronic Discrete Variable Automatic Computer,离散变量自动电子计算机)于1952年研制成功。上述计算机结构即冯·诺依曼结构,该结构被认为是计算机发展史上的一个里程碑,它标志着现代电子计算机时代的真正开始。

1.3　计算技术面临的挑战

自电子计算机出现以来,计算机技术迅速发展,经历了电子管计算机(1946—1957)、晶体管计算机(1958—1964)、中小规模集成电路计算机

(1965—1971)、大规模集成电路计算机(1971—2014)四个阶段[12]。随着计算机技术的进步,其计算能力突飞猛进。摩尔定律[13]表明,计算机的计算速度每 18 个月翻一倍。此外,计算机经历了从单核到多核,从巨型机到微型机,从超级计算到云计算的演变,也就是说,计算机的形态也经历了巨大的变革。但即使如此,面向未来的智慧社会,现行的计算技术还存在严重不足,在算力需求、能耗需求、智能水平等方面面临严峻挑战。

1.3.1 算力需求

算力是计算设备的运算能力,在数字经济时代,其被视为一种新的生产力,各种场景的应用都需要对大量数据进行加工,对算力的要求也越来越高。

随着人工智能(artificial intelligence,AI)技术的飞速发展,算法模型日益复杂,越来越庞大的模型训练对算力提出了越来越高的要求。在人工智能领域,2012 年以前算力需求的增长速度与摩尔定律基本保持同步;到了 2012 年,深度学习技术取得重大进展,算力需求自此迅速增长。据 OpenAI[14]分析,2012—2019 年,人工智能模型对算力的需求增长了30 万倍,而芯片的算力仅增长了 7 倍。以 2012 年深度学习技术的重大进展为分界,人工智能对算力的需求突飞猛进、迅速攀升,呈指数式高速增长态势。

目前,算力的进展速度已经成为人工智能研究的瓶颈,拥有丰富算力资源的机构有可能形成系统性的技术垄断。如何满足不断更新的人工智能应用对算力日益增长的需求,是未来计算技术亟待破解的首要难题。

1.3.2 能耗需求

以数据中心、人工智能为代表的信息基础设施所带来的能耗问题也日益突出。如何解决数据中心和人工智能的高耗能问题,也是应对全球气候变化、实现碳达峰与碳中和("双碳")目标过程中所面临的巨大挑战。

2020 年《中国"新基建"发展研究报告》[15]显示,我国数据中心总体规模快速增长,2019 年机架总量将近 227 万台。对于一个大型数据中心来说,这不但需要消耗大量的电能维持运算设备的运转,还需要额外的电能来进行散热制冷。在一个数据中心的运维成本中,电费占 80%,可谓是耗电的"大老虎"。该报告显示,我国数据中心的耗电总和已连续八年以超过 12% 的速度增长。预计到 2025 年,全世界的数据中心的能耗将占全球总能耗的 33%,为其中最大份额。这给数据中心的运营及环境的保护带来了巨大的挑战。提高计算的效能,不仅是企业降本增效的重要手段,而且是实现"双碳"目标的重要路径。

随着人工智能技术的飞速发展,算法模型变得越来越复杂。通过"大力出奇迹"的方式实现的人工智能,可能将引发新的"能源危机"。目前迫切需要一种新的计算范式,以有效降低能源消耗。

1.3.3　智能水平

新一代信息技术对计算提出了更高的要求,人们期待未来的计算机拥有强大的智能,具备推理、联想、判断、决策和学习等能力,而不是机械地执行计算任务。目前,以计算技术为核心的新一代信息技术正朝着人-机-物融合的方向发展,人类社会、网络系统和物理系统深度融合,云计算、大数据、人工智能等信息技术深度发展。深度学习代表了目前人工智能发展的最高水平,但这种通过"暴力计算"实现的智能在可解释性、通用性、可进化性、自主性方面都陷入巨大的困境。通用人工智能能否实现、如何实现,依然未知。对计算技术而言,从基于数据的计算智能提升到感知智能(perceptual intelligence)和人机融合智能,进而实现认知智能,面临巨大的理论模型和技术挑战。

1.4　计算的发展趋势——智能计算

在人类社会从信息社会向智慧社会演进的过程中,计算是推动智慧社会形成和发展的关键。面向万物互联的数字文明新时代,传统数据计算远远满足不了人类的需求。计算技术在算力需求、能耗需求、智能水平等方面面临的这些挑战,迫切需要新的理论模型、体系架构、技术方法来解决,智能计算是计算技术发展演进的必然方向。

智能技术通过研究人的智慧、机器的智能,以及由万物构成的物理世界,利用计算进行交互并发现规律,它不但涉及计算机科学,同时也涉及哲学、物理学、心理学和社会学等学科。智能技术与计算技术相互促进,共同发展。智能技术的发展有利于推动计算方法的创新,从而促进计算技术的发展;计算技术的成果反过来有利于提升对智能本质的认识,促进智能技术的进步。通过构建完善的理论体系,智能计算旨在突破现有的智能理论、计算理论和新型计算方法,实现自学习、强智能、可演化的计算系统,继而实现计算智能化。

通过加强对物理世界的智能感知、对人类意识认知机理的理解,相互交融、更新迭代,不断提升计算的智能化水平,提高计算效率,突破现有计算在算力需求、能耗需求和智能水平方面的瓶颈,加速知识的发现和创造,即为计算智能化的研究内容,也是未来计算科学发展的必然方向。

参考文献

[1]多维克.计算进化史[M].劳佳,译.北京:人民邮电出版社,2017.

[2]李约瑟.中国科学技术史[M].香港:中华书局,1980:153.

[3]张国林.珠算——人类计算史上的一颗永放光芒的明珠[C]//第三届数学史与数学教育国际研讨会论文集,2009:333-336.

[4]海依,帕佩.计算思维史话[M].武传海,陈少芸,译.北京:中国工信出版集团,人民邮电出版社,2020.

[5]哈雷尔,弗尔德曼.算法学:计算精髓[M].霍红卫,译.北京:高等教育出版社,2007.

[6]莱布尼茨,李文潮.论单纯使用0与1的二进制算术兼论二进制用途以及伏羲所使用的古代中国符号的意义[J].中国科技史料,2002(1):54-58.

[7]布尔.思维规律的研究[M].北京:高等教育出版社,2016.

[8]Shannon C E. A symbolic analysis of relay and switching circuits[J]. Electrical Engineering,1938,57(12):713-723.

[9]Turing A M. On computable numbers, with an application to the Entscheidungspro-

blem[J]. Proceedings of the London Mathematical Society,1938(42):23-65.

[10]Turing A M. Computing machinery and intelligence[J]. Readings in Cognitive Science,1950,59(236):433-460.

[11]von Neumann J. First draft of a report on the EDVAC[J]. IEEE Annals of the History of Computing,1993,15(4):27-75.

[12]孙金友.计算机发展简史[J].学周刊,2014(13):234.

[13]Moore G E. Cramming more components onto integrated circuits[J]. Electronics Magazine,1965,38(8):114-117.

[14]Amodei D，Hernandez D. AI and compute[EB/OL]. (2018-05-16)[2022-03-04]. https://openai.com/blog/ai-and-compute.

[15]中国电子信息产业发展研究院,赛迪智库信息化与软件产业研究所,赛迪智库无线电管理研究所,等.中国"新基建"发展研究报告[R/OL].(2020-06-18)[2022-03-20]. http://pg.jrj.com.cn/acc/Res/CN_RES/INDUS/2020/6/18/93e1e351-c909-48e5-a37c-df4d56a6b030.pdf.

2   智能计算的提出

2.1   智能计算的定义

对于智能计算,尚未有一个被普遍接受的准确定义。从通俗意义上理解,智能计算就是一种让计算变得"多快好省"的方法。所谓"多""快"是指智能计算旨在突破算力的瓶颈,以更快的速度处理更庞大的数据,满足大数据和人工智能对算力的需求。"好"是指智能计算意在提高计算的智能水平,使计算具备感知、推理、判断、决策和自主学习的能力,提供更人性化的功能。"省"是指智能计算意在突破计算在能耗方面的瓶颈,为企业降本,为保护环境增力。有学者将智能计算视为人工智能与计算技术的结合,将智能计算系统根据人工智能的发展划分为三个不同的阶段。这就将智能计算局限在人工智能领域,忽视了人工智能内在的缺陷和人-机-物三元协同的重要作用,具有较大的局限性。另有学者将智能计算视为计算智能(computational intelligence),认为智能计算是模仿人类智能或生物智能,实现最优算法,以解决具体问题。这就将智能计算看作是算法理论和技术上的创新,忽略了计算体系架构和万物互联网络对智能计算的重要作用。

　　我们将智能计算定义为支撑万物互联的数字文明时代的新型计算理论与方法、架构体系和技术能力的总称（图 2-1）。具体来说，就是统筹运用智能技术和计算技术，对计算的理论方法、架构体系、技术能力等进行系统性、变革性的创新，形成高算力、高效能、高智能、高安全的计算能力和普惠泛在、随需接入的服务能力，给智慧社会的数字能力建设提供支撑。

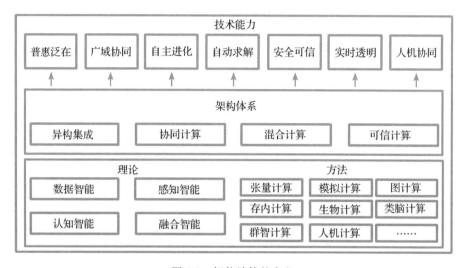

图 2-1　智能计算的定义

　　首先，智能计算既不是超级计算（即超算）、云计算、边缘计算等计算技术的替代品，也不是现有计算的简单集成品，而是根据任务所需，以最佳方式利用既有计算资源和最恰当的计算方法，解决实际问题的一种计算形态。它既要充分利用现有的各种算力和算法，又要推动形成更强大的算力和更智能的算法。

　　其次，智能计算的定义体现了体系性、统一性和问题导向性。智能计算不是一项单一的理论或技术，而是涵括理论方法、架构体系和技术能力的完整体系。在这个体系中，人工智能仅是提升智能水平的一项重要手段，并非唯一手段；各类先进计算技术和方法在智能计算中皆有一席之地，但并非机械、僵硬地组合和集成。这个定义将云计算、边缘计算、超级计算、类脑计算、光电计算、量子计算等各类计算技术统一在智能计算的框架之中,综合利用各类计算技术支持万物互联的智慧社会。智能计算的定义尤其强调问题导向性,即要解决万物互联的数字文明时代中的各类实际问题,突出体现在对实际任务的理解和分解上。

再次,智能计算以适应未来人-机-物三元融合的发展趋势为目的。随着大数据、物联网和人工智能等信息技术的发展应用,物理空间、数字空间和人类社会之间的界限逐渐变得模糊,人类世界开始从由社会空间和物理空间构成的二元空间转变成了人-机-物相互融合的三元空间[1],社会系统、信息系统和物理环境构成一个动态耦合的复杂巨系统,人、机、物在三元空间里相互依存、协同发展。人-机-物三元空间深度融合的智能时代,对计算技术的创新发展提出了全新的需求,计算技术面临着从基础理论、架构模型、软硬件系统到计算范式的全方位创新和变革。

智能计算的终极目的是针对不同的具体问题,调度最佳的算力工具,适配最优的算法,形成最好的结果。因此,应从需求出发,对智能计算整个体系进行架构设计——在特定的应用场景下,人们提出的任务需求将被精准高效地分解、理解、计算和校验,同时需要完备的知识库和算法库作为支撑,来调动广域计算资源进行数据处理。经过校验后的准确计算结果将会输出反馈给使用者(图2-2)。这个过程的四个核心要素分别是计算问题、计算工具、计算方法和计算结果。在信息流动全过程中,智能计算的四个要素相互组合而形成各种产品形态,其价值实现形成了计算产业,包括具有工具、方法、能力和结果特性的产品与服务。

2.1.1 智能计算的理论方法

2.1.1.1 智能计算的理论

智能计算理论体系包括研究人、机、物和计算之间关系的基础理论、智能理论、计算理论及方法。在此理论框架中,"人"是智能计算的核心,是智慧的源泉,代表着原生、内在的"智",我们称之为元智能。"智"包括创新创造、知识表达、逻辑推理以及问题反思等人类高级能力,也蕴含着

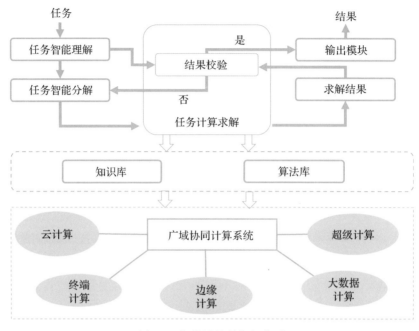

图 2-2　智能计算的框架体系

人类积累的知识。迄今为止，所有的智能系统——无论是机械的还是电子的系统——都由人类设计建造，是人对这些系统赋予了智能。即便是人工智能系统，其算法也是由人设计和优化的，本质上依然是由人设计、固化的程序。因此，我们在智能计算理论体系中将人的智慧视为"智"的源泉，而将计算机的算力视为"能"，通过人的"智"向计算机赋"能"，使得计算机具备解决问题、完成任务的能力，例如自然语言处理、图像识别、语音识别、目标检测与跟踪等。

　　计算机本质上是由人类创造的智能化工具，其智能水平由人类的智慧和认知水平决定。目前人类对于意识和智能的本质、人脑的机理等问题的认知仍然远远不够，这造成人类难以创造出具有强智能的机器。尽管随着人工智能技术的发展，机器已经在棋类、语音识别、图像识别等许多方面超过人类，并在自然语言处理、自动驾驶等领域有了长足的进步，但是依然无法在人类擅长的抽象思考、常识、直觉等方面超越人类。尽管如此,机器可反过来辅助人类探索、发现新知识,更高效地认识客观世界的规律。

人与机在物理世界的大环境中交互,实现人-机-物三元深度融合。人(智)与机(能)的交叉属于智能计算的理论部分,主要阐释智能的本质和计算理论。人与计算的交叉是智能计算的软件部分,即由人类智慧驱动形成的新型计算方法;机器与计算的交叉是智能计算的硬件部分,即执行计算的机器设备。智能计算的应用层处理不同应用场景和环境因素生成的具体任务,旨在理解、分解和解决这些具体任务,并建立问题评估体系,从能力、代价和可用性方面评估智能计算的水平。人、机与计算共同交叉的部分是涵盖理论、软件和硬件层面的智能计算核心。

智能计算理论按研究内容可分为数据智能、感知智能、认知智能和融合智能四大类。

(1)数据智能。数据计算是现代通用电子计算机的理论基础,采用自动化的方式进行信息处理,既可以进行算术运算和逻辑运算,又可以进行推理和证明。在数据计算的基础上,引入智能化理论,提升算力和效能,对智能计算的发展有着至关重要的意义。传统数据计算包含数值计算和非数值计算。其中,数值计算是利用电子计算机求数学问题近似解的方法和过程,结果是离散的,有一定误差;非数值计算则凭借一系列恒等式、数学定理,通过推理和演绎得到问题的解析解,但是计算量大,表达形式复杂。

数据计算的核心研究包括可计算性、计算复杂性和自动机,分别代表计算的界限、代价和模型三个方面[2]。可计算性是指通过建立计算问题的数学模型来区分哪些问题是可计算的,哪些是不可计算的,从而明确计算的界限。计算复杂性用于评判计算机求解问题的难易程度,对可计算问题的复杂程度进行分类,使用数学方法量化计算所需的时间、空间和其他资源消耗,并从计算复杂度的角度分析和研究各种问题的相互关系及基本性质,从而明确计算的代价。自动机是对抽象机器及其可以解决的问题的研究,用于计算机和计算过程的动态数学建模,包括有限自动机与无限自动机、线性自动机与非线性自动机、确定性自动机与不确定自动机、同步自动机与异步自动机、级联自动机与元胞自动机等。

（2）感知智能。感知智能是指通过智能传感器对外部事物进行感知与信息转换，将计算从信息空间外延到机-物空间。感知智能意味着机器具有视觉、听觉、触觉等感知能力，因此可以借助语音识别和图像识别等前沿尖端技术，将来自物理世界的信号通过摄像头、麦克风或其他传感器映射到数字世界，将多元数据结构化，并以一种人类所熟悉的方式去沟通和互动。人和动物都具备与自然界交互的感知能力。感知智能简单来说就是计算机系统以类似于人类使用感官连接周围世界的方式来解释数据，让机器会听、会说、会看，能够像人一样看到、感受和感知世界。例如，自动驾驶是指通过激光雷达等感知设备和人工智能算法进行驾驶信息计算，人脸支付是指设备通过感知人脸数据信息进行身份确认。机器在感知世界方面的优势在于主动感知，因为机器可以充分利用深度神经网络和大数据的成果。正是借助机器感知以及连接的硬件和软件，可以让计算机进行感官输入以及信息收集，以对用户来说更舒适的方式呈现信息。

感知智能计算理论主要包括多模态感知与数据融合、超越人类五感能力的感知获取以及感知与信息交互等[3]。多模态感知与数据融合主要面向视、听、语言等多模态的感知和协同，在复杂场景下探索各类感知数据的融合和统一表达，建立多模态统一的感知、协同理论。超越人类五感能力的感知获取是指在高动态、高维度、分布式的复杂感知空间里实现超高灵敏度、超大空间尺度、多目标的超人感知获取能力，实现对复杂场景的多维度主动感知、建模和计算。感知与信息交互主要是指人类对视觉、听觉、触觉等感知数据的分析和理解，提取感知信息的基本特征单元表达、感知信息的语义识别和注意机制，建立多尺度、前馈、反馈、模块化、协同的信息交互计算方法。

（3）认知智能。认知智能是指机器能够像人那样具有逻辑思维和认知的能力，特别是主动思考、理解归纳和应用知识的能力。不用人类事先编程，机器就可以实现自我学习，有目的地推理并与人类自然交互，能适应复杂环境,具备解释、规划等一系列人类独有的高度认知能力。认知智能的发展分为三个层次。第一层是语言理解。目前的聊天机器人只能应对人类的简单语言指令和问题,若人类多问几个问题,机器人可能就无法理解其深层次的语义了。第二层是分析和推理。第三层是人格和情感。若人工智能有了自己的人格和情感,也就有了自主意识,和人类一样有思想。感知智能主要是数据识别,需要完成对大规模数据的采集,对图像、视频、声音等数据的特征抽取,以及结构化处理;然后在数据结构化处理的基础上,理解数据之间的关系和逻辑,并进行分析和决策。

认知智能计算理论主要包括知识推理与知识计算、脑认知机理、常识构建与推理等[2]。知识推理与知识计算主要研究使用图结构的数据模型或拓扑来整合、构建数据知识库,用于存储具有自由形式语义的实体(对象、事件、情况或抽象概念)的相互关联描述,包括七个方面的研究内容:知识获取、知识表示、知识存储、知识建模、知识融合、知识理解和知识运维。脑认知机理重点关注人脑如何协调不同尺度的计算,组织动态认知环路,完成不同认知任务,以及如何让机器具有环境自适应、学习记忆、推理决策、判断联想等类人能力。常识构建与推理让机器在学习过程中融入公理常识、情感好恶、利害关系,从而改变目前机器学习的方法和机制。

(4)融合智能。尽管机器学习和人工智能取得了重大进展,但仅靠计算或统计模型仍不足以从高度复杂的场景中获取关键见解。在这些场景中,人类应继续在解决问题和决策中发挥不可或缺的作用,探索基于人类知识的认知处理所涉及的元素,并将它们与机器智能融合。人机融合智能理论着重描述一种由人、机、环境系统相互作用而产生的新型智能形式,它是物理性与生物性相结合的新一代智能科学体系。人机融合智能把硬件传感器采集的客观数据和人体五官感知到的主观信息有效结合起来,将人的认知方式与计算机优越的计算能力融合在一起,借助人类的先验领域知识,提供重要的学习线索,构建起一种新的理解途径,用于改进基于计算机的决策,共同处理专业领域中的高挑战性任务,而这些任务单独由人或机器执行都无法产生令人满意的结果。这样"人+机器"才能实现既大于人也大于机器的效果。

人机融合应该以交互和协作的方式进行,而不是静态过程[4]。在这种方式中,人和机器轮流迭代指导集成学习过程,直到达成共识。这种人机协作过程需要两部分以直观的方式进行交流,并由交互式界面提供支持,其中机器智能可以直接解释给人类,专家可以方便地以自然形式发送反馈。此外,人机之间的融合应自动适应动态的环境,以便集成人机智能,随着人类知识和数据的增加而不断进化。对于许多实际应用中的动态场景(例如自动驾驶汽车),任务和数据快速变化,自我进化的融合智能至关重要。

虽然目前人机融合智能在一些实际场景中取得了初步成果,但人机融合智能的发展还处在初级阶段[5]。人机融合中的人与机器分工明确,但是如何将机器的计算能力和人的认知能力有效结合起来是人机融合智能的一个关键问题。同时,人机融合智能还应考虑当人与机器出现感知信息不对称时,或是人与机器的决策方向出现矛盾时,如何选择恰当的时机与方式介入,解决人与自动化的平衡问题,以及人与机器之间的信任问题。人机智能融合将会是未来智能科学发展的下一个突破点,未来会在医疗、军事、机械等更多领域继续取得进步。

2.1.1.2　智能计算的方法

智能计算的方法可以分为生物启发创新和工程技术提升两类(图2-3),主要方法有类脑计算、生物计算、群智计算、人机计算、张量计算、模

图 2-3　智能计算的方法

拟计算、存内计算、图计算等。

（1）类脑计算。当前的计算系统在信息处理方式上尚受限于冯·诺依曼体系结构，无法实现真正的智能。类脑计算[6]从人脑结构及信息处理方式上寻找启发，构建不同于冯·诺依曼结构的类脑计算架构，使其在低功耗的状态下具备强大的信息处理能力和一定的认知能力。类脑计算可以分为两类：一类是通过观察人脑结构、研究人脑运行机理，然后根据观察和研究结果模仿大脑的结构和功能特点，建立类脑模型；另一类是先构造大脑功能结构相关的假说和模型，然后验证是否与真实的神经结构、动力学规律等相符。目前人们对大脑的全局结构及信息传递、区域协调等功能尚未完全理解，对大脑的学习、推理和记忆等高级活动的认知仍然匮乏。类脑计算的研究还有很大的提升空间。

（2）生物计算。生命的基本组成——DNA、酶、蛋白质，无须外界引导，即可自主完成各种复杂的生物任务指令。基于生物的计算目前有两种主流方法：一种是利用生命物质极高的并行性、极低的能量消耗以及强大的自修复和自进化能力，制备生物材料的计算机部件[7]，实现算力和能耗的突破；另一种是体内生物计算方法，通过生物体内各种生化分子以特定形式互相协作，自主、精准地求解特定的计算任务。生物计算方法的探索和研究促进了数学、计算机科学和生物学的交叉与渗透，给突破传统计算机的局限性带来希望。

（3）群智计算。群智计算是利用群体智慧协同解决机器或个人难以完成的问题的新型任务处理方法，其核心是设计群体的激励机制、优化群体的任务分配和完善群体的隐私保护[8]。通过群智计算，可以极大地提高任务完成效率、节约网络资源，群智计算获取的海量用户数据亦可为智慧社会发展提供很多有价值的信息。作为一种新的智能计算方法，群智计算有广阔的应用前景，但也面临用户参与度不高、隐私保护机制不健全、数据可信度评估匮乏、任务完成和数据回传效率不高、海量多维跨域数据难以处理与挖掘等诸多挑战和难题。

（4）人机计算。人类和计算机之间合作互动的预期发展，涉及人类和电子设备之间的密切耦合。人机共生计算[9]可以使人类智能与机器智能优势互补、相互促进。未来智慧社会由人与机器共同创造。一方面,如果没有人类智能的发展进步,就没有机器智能的发展进步;另一方面,如果没有机器智能对人类智能的促进推动,原本缓慢的人类智能进化脚步将更难以加快。在人机共生的智慧社会中,人与机器在竞争中谋共生,在共生中求竞争,共同推动智慧社会和平、竞争、稳定发展。人机共生计算将是一种比单独的人或者计算机更有效的智能计算方法。

(5)张量计算。随着互联网的普及,信息呈爆发式增长,数据的刻画形式越来越复杂,音频、视频、XML(extensible markup language,可扩展标记语言)文档、GPS 等多模态数据通常为结构化、半结构化或非结构化,没有统一的数据格式,基于张量的数据表示为构建统一的数据表示模型提供了新思路[10]。从数学定义上来看,张量的本质是矢量的扩充,是多维数组或者多维阵列,主要包括内积、卷积、转置等基本运算。神经网络的训练存在大量的张量计算,需要消耗大量的中央处理器(central processing unit,CPU)时钟周期和内存资源,因此针对张量计算的加速方法(如量子化、数学推理、并行处理、收缩阵列等)研究对机器智能提升有重大意义。

(6)模拟计算。随着人工智能的发展,更多计算资源、更低功耗和更多模型存储容量变得越来越重要。目前用于人工智能应用的数字处理器很难满足这些要求,模型计算提供了一种创新的解决方案,能够帮助人们以更低的功耗和更小的外形尺寸获得更高的性能,同时极具成本效益[11]。模拟计算处理的对象通常为实数、非确定性逻辑以及连续函数等,不需要代码和编程在空间结构和时间行为这两种信息形式之间进行转换。模拟计算是不同于数值计算的计算方法,可以有效弥补数值计算的不足,提升机器智能化水平。

(7)存内计算。根据逻辑单元与存储单元的关系,计算架构可以分为传统架构、近存计算架构和存内计算架构[12],其中近存计算是在不改变逻辑、存储单元自身设计功能的前提下,通过硬件布局和结构优化,增强两者之间的通信带宽,从而提高计算效率;存内计算则以存储为计算架构中心,在存储单元内进行运算,实现逻辑单元、存储单元的整合。近存和存内计算优化了存储单元、逻辑单元的结构,解决了数据搬运问题,从而可以降低能耗。在未来场景中,近存和存内计算将成为机器与物端交互的主要方法。

(8)图计算。随着生物信息网络、社交网络、网页图等大数据分析问题出现,图的应用变得越来越重要,图是大数据关联属性的最佳表达方法。图计算[13]是基于图模式进行巨量、稀疏、超维关联的挖掘和分析过程,已经成为大数据处理领域的主流方法。图计算能够把任何事物之间的所有关系描述出来,并通过推理在事物中找到隐藏关系,通过足够的理解和推理,对海量数据进行迅速处理和分析,为机器智能提供学习的能力。

2.1.2　智能计算的架构体系

智能计算一般采用异构集成、协同计算、可信计算、混合计算等计算架构体系(图2-4)。异构集成架构通过集成不同的计算单元,发挥各自的计算优势,达到"超强算力、高效能比"的效果。协同计算架构通过端-边-云协同、广域协同等不同的资源调度方式,提供"普惠泛在"的计算能力。可信计算架构通过可信计算安全体系,保障各个计算环节的私密性、完整性、真实性和可靠性,支撑人-机-物高度融合的混合计算。混合计算架构将人机混合,考虑人的需求,融入人的智慧,是智能计算发展的必由之路。

2.1.2.1　异构集成架构

(1)硅基与碳基集成。随着传统电子计算芯片的集成度、计算能力、生产工艺遭遇"天花板",利用生物体组成成分进行信息处理和计算成为一种创新探索。单个细胞作为生物结构和功能的基本单元,可以被看作一种独立有序且能够对外界刺激和环境变化做出反馈并进行自我调控的系统,它的运行机制经过了长期进化,能够满足自身代谢需要。细胞内的DNA作为天然的遗传信息存储载体,具有信息存储容量高、密度大的特

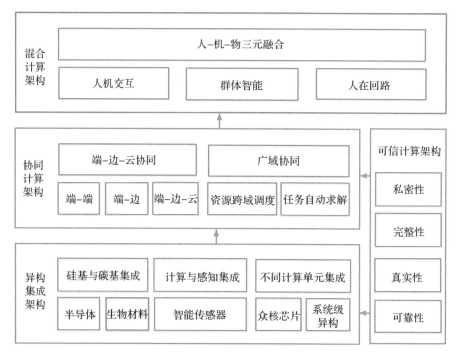

图 2-4　智能计算的架构体系

点。经过上亿年的进化,生物细胞也在不断优化生物化学反应过程,从而最大程度减少新陈代谢的能耗。生物体组成成分展现了存储容量、计算并行性和超低计算功耗三方面的潜力,碳基与传统硅基的有效集成[14]有望使芯片的算力、存储密度、效能达到新的高度。

(2)计算与感知集成。作为信息感知的基本元件,传感器是物联网、大数据、智能制造、人工智能、机器人等新兴产业的关键核心技术之一。万物互联、人-机-物三元空间高度融合的智慧社会发展对各种类型传感器提出智能化、小型化、微功耗和低成本的共性需求。传感器在感知末端不再仅仅是一个转换元件,而必须与计算元件进行集成,如此,才能按照一定的策略对信息进行采集、加工、判断、传输,成为与外界环境交互的重要手段。感算融合的架构是集成传感芯片、通信芯片、微处理器、驱动程序、软件算法于一体的系统级架构,将成为智慧社会中的关键器件。

(3)不同计算单元集成。芯片级异构集成是为了提升整体芯片效能,把不同芯片整合在一起的方法。目前主流的异构集成技术包括 2D/3D 封装、小芯片(chiplet)等。系统级异构集成以单机多处理器的形式和多机形式提供各种计算类型,包括单机多计算、单机混合计算、同类异型多机和异类混合多机等方式。

2.1.2.2 协同计算架构

(1)端-边-云协同。随着数据规模迅速扩充,以云计算为核心的集中式共享计算模式局限开始显现,增加硬件设施提升云服务能力的模式已经无法满足计算在带宽、时延和安全等方面的需求,以物联网和边缘计算为代表的分布式与集中式融合计算架构开始发展。端、边、云具有互补关系,云计算擅长处理和分析全局性、非实时性、长周期的大数据,在离线支撑方面具备优势;边缘计算和端侧计算更适合处理和分析局部性、实时性、短周期的数据,具有更强的在线支撑能力。协同端侧、边缘和云的计算、存储及数据资源,通过跨域动态调度、计算任务智能分解、计算过程自动生成等方法构建端-端协同、端-边协同、端-边-云协同[15]等多种类型的协同智能计算架构,可以提供普惠泛在、随需接入的计算服务。

(2)广域协同。广域协同以低成本的方式连接协同高性能计算、云计算、边缘计算和端计算等广域分布的计算资源,对资源进行抽象、解耦和封装,构建软件定义可编程的实体抽象方法和协作模型,以屏蔽设备、计算和数据资源的异构性,支撑设备、计算和数据间的交互秩序。广域协同架构对计算任务进行智能化的感知、分解和处理,为服务请求提供最优的响应,实现特定时空下更强算力的随处可得。

2.1.2.3 可信计算架构

作为未来社会的新基建,智能计算的服务将触及国计民生的各个角落,可信问题对智能计算的影响是全方位、多样化的。可信计算体系为智能计算系统的数据可信、计算过程可信和计算结果可信提供保障,为计算的各个环节提供私密、完整、真实、可靠的环境。具体而言,可信计算安全体系的研究包括终端平台信任技术的研究、平台间信任扩展技术的研究以及可信计算测评与分析的研究。通过融合软硬件安全和隐私保护技术，实现存储安全、内容安全、计算安全等目标，支撑大规模泛在互联计算、人-机-物三元空间深度融合的跨域信任与安全防护，保护战略性数据资产（包括知识产权、国家安全和个人隐私），并确保数据完整性，为智能计算的成功实施提供安全保障。

2.1.2.4 混合计算架构

（1）人机交互。人机交互的概念出现于 20 世纪 80 年代初期，是指人与计算机之间使用某种对话语言，以一定的交互方式，完成人与计算机之间的信息交换过程。随着人工智能的飞速发展和人-机-物三元空间的融合，人机交互的研究开始关注智能与自适应交互和无处不在的计算。智能与自适应交互是指通过机器的智能感知响应，与人使用自然语言进行交流；无处不在的计算是指人机交互的最终方法是删除在环境中的计算机桌面和嵌入，使之成为无形的，又无处不在的。人机交互体系包括单通道人机交互和多通道人机交互，其中单通道人机交互可以基于视觉、音频和其他传感器中的某一种，多通道人机交互包含两种或两种以上信息输入，是未来人机交互的主要形式，可以提供更自然、更友好的用户体验，最大程度使人的智能和机器智能进行交互、协同。

（2）群体智能。通过特定的组织结构吸引、汇集和管理大规模的自主参与者，使自主参与者能够通过竞争、合作等协作方式共同应对具有挑战性的任务，尤其是在开放环境中执行复杂的系统决策任务，显现出超越个体智力的智能形态[3]。群体智能关注大规模自主参与者如何在互联网和网络大数据的支持下高效协作和量化评估，实现群体智能空间中超越个体智能的可衡量、可持续的群体智能，并设计复合和网络化群体智能激励机制，探索不同激励机制对群体智能涌现的影响，进行动态的自适应调整，使群体智能可预测、稳定、持续涌现。

（3）人在回路。把人的作用引入智能系统的计算回路，可以把人对模糊、不确定问题分析与响应的高级认知机制跟机器智能系统紧密耦合，使得两者相互适应、协同工作，形成双向的信息交流与控制，使人的感知与认知能力和计算机强大的运算与存储能力相结合,形成"1+1>2"的智能增强智能形态[3]。

2.1.3 智能计算的技术能力

智能计算是应对未来人-机-物三元空间融合的计算需求而提出的,强调人在计算中的作用,追求高算力、高效能、强智能、高安全,旨在实现普惠泛在、安全可信、随需接入的透明计算服务。

2.1.3.1 普惠泛在的计算服务

当计算从信息空间迈入人-机-物三元空间时,计算过程将不再局限于计算机与网络硬件、软件和服务,数字设备嵌入人们日常生活环境,互相连接、延伸到世界的每个角落,物理空间、机器、人类社会的资源相互融合,共同完成计算任务。在这种状态下,移动设备、云计算应用、高速无线网络将真正整合在一起,取代计算机作为获取数字服务的中央媒介地位,人们身边的所有物品几乎都能拥有强大的计算能力。智能计算通过新型计算方法和异构集成、协同计算等新型架构体系,针对不同的任务需求,把不同域的资源协同、调度起来,向社会提供低成本、可持续的普惠式算力服务和无处不在、随时随地接入的泛在式算力服务。

2.1.3.2 广域协同的计算能力

在万物互联的智慧社会,终端设备产生的数据快速增长,全球有接近一半的数据在网络边缘层进行计算、处理和存储,新型智能化应用如增强现实、人脸识别、自动驾驶等对计算服务提出更高要求,以云计算为核心的集中式计算服务无法提供低延时、足够带宽、保证数据安全的计算服务。智能计算通过构建端-端协同、端-边协同、端-边-云协同、云际协同、超算互联等多种类型的跨域协同智能计算系统,提供随时随需的计算服务。

2.1.3.3 安全可信的计算过程

计算从集中式发展到分布式,渗透到社会的每个角落,在给生产、生活带来便利的同时,也带来了隐私泄露[16]、信任障碍、信用缺失等安全可信问题,影响各类数据的开放和共享,最终导致数据无法融合,阻碍智能化的发展。现有的安全保障技术与设施主要从基础网络层面或系统软件层面对计算过程进行保护(如防火墙、入侵检测系统、反病毒技术等),然而在信息与计算复杂度不断提高的背景下,传统的信息安全保障技术难以适应新形势的需要,智能的可信计算架构体系可为计算过程构筑一道安全可信的保障。

2.1.3.4　自主进化的计算体系

智慧社会中计算无处不在,传感器、终端、人类都深度参与到计算中,计算的复杂性、任务的多样性都在急剧提升。在复杂多元的计算环境中,计算体系只有具备智能化的自我配置、自我修复、自我优化和自我保护能力,才能满足多样化的计算需求、解决复杂未知的计算任务。智能计算采用类脑计算、生物计算等新型计算方法,通过人机混合、软硬件可重构等弹性架构体系,从海量复杂数据中进行规律挖掘和知识发现,从而自动调节形成经验,取得可用的结果,形成可以自主学习、进化的新型计算体系。

2.1.3.5　任务驱动的自动求解

任务的自动求解能力是衡量计算系统智能化的一项重要标准。智能计算通过人机混合的架构,设计新的交互式任务引导方法,将人的作用引入任务理解过程,采用动态反馈和迭代优化的方式对泛在场景中的非结构化任务进行识别、认知、逻辑推理等,然后根据需求分解范式,将复杂场景下的计算问题分解为可求解的子问题集,按照子问题的逻辑关系来组织计算任务的顺序和流程,最后将子问题的解集进行整合,呈现完整的解答。

2.1.3.6　实时透明的空间孪生

实现物理空间和信息空间的交互与共融,是社会智能化发展的必经之路。数字孪生技术是以数字化方式创建物理实体的虚拟模型,借助数据模拟物理实体在现实环境中的行为,通过虚实交互反馈、数据融合分析、决策迭代优化等手段,为物理实体增加或扩展新的能力。智能计算通过多种新型架构,深度融合感知和计算,构建感算一体的智能化传感器件,形成强大、灵敏的感知层,遍布物理空间的每个角落,感知、获取物理空间的信息,快速构建孪生空间,并利用智能计算的超强算力在孪生空间中大规模并行推演,实现快速分析决策并反馈到物理空间。实时的感知、超强的计算能力使整个计算过程对物理空间透明,孪生无处不在。

2.1.3.7 人机协同的高效智能

深度学习是近十年机器学习领域发展最快的一个分支,但这种方法的本质是通过"暴力计算"实现智能,在可解释性、通用性、可进化性、自主性方面都面临巨大的困境[17]。相比传统计算,智能计算更加强调人的参与,是人-机-物三元空间的交互式计算,人及其他智能体均在回路,通过利用人-机-物异质要素感知能力的差异性、计算资源的互补性、节点间的协作与竞争性,促进人-机-物异质要素高效协同与融合,实现计算的智能化。

2.2 智能计算的内涵

智能计算的主体是智能和计算,两者相辅相成(图 2-5)。为满足未来人工智能发展需要而创新的计算,是面向智能的计算;相关功能与性能通过智能化技术手段得以优化和提升的计算,是智能驱动的计算。对于面向智能的计算和智能驱动的计算,可以分别从五个方面进行创新,以提升

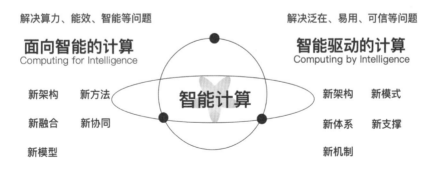

图 2-5 智能计算的内涵

算力、效能、数据、知识和算法的能力,实现泛在、透明、可信、实时、自动的服务。

2.2.1 面向智能的计算

面向智能的计算是指为提升智能水平,解决算力需求增长过快、效能提升接近极限、数据可用性差、知识匮乏、算法可解释性泛化性弱等问题所提供的包含新架构、新方法、新融合、新协同、新模型的计算支撑。

2.2.1.1 新架构

随着智能化的快速发展,人工智能对算力的需求急速增长,采用异构集成、协同计算等新型智能计算架构,通过优化芯片、系统的计算结构,感知、调度、管理算力资源,满足高算力的需求。

计算体系架构的创新是解决上述算力瓶颈、满足人工智能算力需求的关键。采用非冯·诺依曼(non von Neumann)结构、存算一体(processing-in-memory)、异构集成、广域协同等技术,设计专用硬件构建模块,例如谷歌的张量处理器(tensor processing unit,TPU)、Volta 的 Tensor Cores等,将是面向智能的计算的重要研究内容。

2.2.1.2 新方法

对给定任务进行高效、低耗的求解是智能计算的核心目标之一。未来几年内,智能应用导致的能耗问题将面临千倍增长,摩尔定律即将失效,现行计算效能提升缓慢,因此,需要采用生物计算、类脑计算等新型计算方法,研究生命物质低功耗特性,解决计算中效能提升受限的问题。

以人类的大脑为例,大脑的功耗只有 20W,但是人类的学习方法比任何一种人工智能的学习方法都更为有效。通过学习生物、人脑的计算方法,设计新型的计算硬件和软件,智能计算可极大地提升计算的效能,降低计算过程的能耗。

2.2.1.3 新融合

随着人工智能、超级计算和物联网等新技术不断发展,人、机、物之间优势互补、协同互助、融合共生,物理空间、信息空间和社会空间有机融合,已成为未来发展的主流趋势。通过智能计算技术,人类社会、信息空间、物理空间融合互通、动态耦合、虚实交融,人、机、物之间共生融合、相互协作、优势互补,为人类提供更全面、更智能、更精准的智慧化服务。

智能计算通过提升机器智能水平、感知应变能力,推动人、机、物有效协同与融合发展,通过对人、机、物的全面连接,实现一体化、深度融合的计算模式。

2.2.1.4 新协同

利用人机交互、群体智能、人在回路等新型协同计算架构,将人的感知与认知能力和计算机的运算与存储能力结合,解决计算机常识匮乏、推理水平弱的问题。

机器具有超高的运算速度和准确率,能够通过各种传感器从物理环境中高效地获取信息,却无法独立自主地分析信息并完成任务;而人能够在更高层次认识物理环境,认知物理世界的规律,并在人机交互过程中将获得的知识传递给机器。智能计算通过人机协同,发挥各自优势,更加高效地完成任务。

2.2.1.5 新模型

当前主流智能模型和算法依赖数据,认知理解能力较弱,缺乏推理、自学习能力,适应性差,泛化效果还有待提升。目前的智能系统仅能处理在封闭环境下的特定任务,缺乏常识、直觉、想象力等人类才具有的能力,离强人工智能还有很大的差距。

研究类脑计算、图计算、生物计算等新型计算模型,解析人脑机理、生物学机理以及图数据知识表达,可有效提升智能算法的认知理解能力、推理学习能力、适应能力和泛化效果。

2.2.2 智能驱动的计算

智能驱动的计算是指运用智能化手段和方法,设计智能计算的新架构、新模式、新体系、新支撑和新机制,从而提升计算服务的泛在化、透明化、自动化、实时性和安全性。

2.2.2.1 新架构

传统集群中心化的计算架构虽然可以提供超高算力,但是无法为处在边缘的终端节点和用户提供及时的服务,难以满足边缘计算、物联网等泛在场景需求,也未能有效利用终端节点的计算处理能力。

采用端-边-云协同、广域协同等新型分布式计算架构,通过资源跨域调度,将超级计算、云计算、边缘计算和终端等计算资源有效整合,可智能化分解和解决计算中心化问题,实现高效、泛在的计算服务。

2.2.2.2 新模式

随着三元空间深度融合,计算任务呈多元化发展,计算场景和数据更加非结构化,这使得任务的求解更为复杂和困难,传统的计算模式已无法有效解决在多元、非结构化、人-机-物深度融合场景中的计算任务。

通过对非结构化场景的分析建模,自适应地处理非结构化数据,采用任务自动理解、分解和求解,以及计算资源智能化适配等新型计算模式,可使计算过程自动化智能化,达到对用户透明的效果。

2.2.2.3 新体系

计算系统的复杂度随着智能化发展与日俱增,在人-机-物三元融合的计算环境中,可能被利用的攻击面更多,更容易遭受恶意的攻击[18],同时海量的多元异构信息也带来了数据安全和隐私问题,这些问题亟待解决。

通过为智能计算系统构建内生的安全和可信计算机制,建立新型的安全可信体系,确保计算过程、身份、数据和结果的安全可信,可实现计算服务全流程隐私可靠、安全可信。

2.2.2.4 新支撑

对于许多重要的工业应用系统而言,实时性是一个关键指标。由于当前计算系统体系架构的限制及端侧计算能力低下等因素,目前计算系统的计算和响应速度有待提升。

采用存算一体、边缘计算、在线学习等新型计算支撑技术,通过感知与计算融合、处理过程本地化等技术,可提高计算系统的实时性。

2.2.2.5　新机制

当前计算系统软硬件架构固定,缺乏自学习和演进能力,难以适应多元化的环境,无法高效完成不同类型的任务。

针对不同类型的任务,通过组织不同粒度和功能的计算资源及在运行过程中的智能配置硬件,采用软硬件弹性设计、智能协同、资源智能分配等技术,探索软硬件重构和协同进化等新型计算机制,形成可自主学习、进化迭代的自动化计算系统。

2.3　智能计算的核心要素

智能计算的核心要素有用户接口、终端、算力资源、算法库以及数据和知识库(图 2-6)。核心要素通过智能计算引擎调度,可以自主智能地完成对环境的感知、与人的交互和任务的执行。

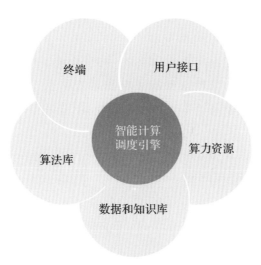

图 2-6　智能计算的核心要素

(1)用户接口。用户接口是人与系统之间进行交互和信息交换的媒介。人可以通过用户接口向系统发起任务,由系统对任务进行智能化分解,调度算力、算法资源来完成任务;人也可以通过用户接口参与任务,将人的智能和机器的运算存储能力相结合,协同高效求解任务。

(2)终端。终端是具有一定运算能力、感知能力或执行能力的计算系统,可以小到一枚芯片,大到一台智能车。在智能计算中,终端可以充当小型的算力资源进行运算;也可以作为传感器,实现对物理世界的实时感知;还可以是计算系统的执行器,执行系统的指令,对物理外界进行反馈。

(3)算力资源。算力是计算设备的运算能力,被视为新的生产力。在智能计算系统中,算力资源为计算提供支撑,通过智能计算引擎调度异构、广域等多种算力资源,完成任务的智能求解。

(4)算法库。算法是用系统的方法描述解决问题的策略机制。随着智能任务日趋复杂,算法持续突破创新,模型复杂度呈指数级提升,算法的准确率和效率也随之得到提升。在智能计算系统中,算法的优劣决定系统可以达到的智能化水平,设计可解释可泛化的算法模型对智能提升起着关键作用。

(5)数据和知识库。进入信息时代后,各种类型、各种格式、各行各业的数据都以前所未有的速度被产生并存储下来,为人工智能发展奠定基础。数据和从数据中抽取出来的知识,构成智能计算系统的基石,是智能的原动力。数据知识库用于存储具有自由形式语义的实体(对象、事件、情况或抽象概念)的相互关联描述,让信息更易于计算、理解和评价。

2.4　智能计算的特征

智能计算在理论上具备自学习、可演化的特征,在架构上具备高算力、高效能的特征,在体系上具备高安全、高可信的特征,在机制上具备自动化、精准化的特征,在能力上具备协同化、泛在化的特征(图 2-7)。

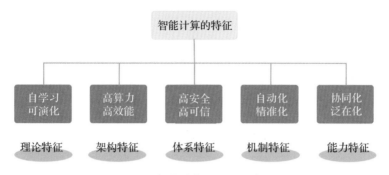

图 2-7　智能计算的五方面特征

2.4.1　自学习、可演化

在理论方面,智能计算以脑神经科学作为启发,采用类脑计算、生物计算等新方法,突破冯·诺依曼计算原理和模型,提升机器对数据的认知与理解能力,赋予其辅助、理解、决策、洞察与发现的能力,具有自学习、可演化的强智能特征。具体而言,自学习是对海量数据进行规律挖掘和知识发现,然后自动调节并形成经验来自动优化、提升自身的能力;可演化是模拟自然界中的生物的进化过程,对环境、自身进行学习和适应而形成的启发式的自优化能力。

2.4.2　高算力、高效能

在架构方面,智能计算颠覆传统冯·诺依曼体系架构,向存算一体、异构集成、广域协同等新型计算架构演进,以满足万物互联时代规模庞大、更新频繁、类型多样的计算对算力和效能的需求。具体而言,高算力是满足智慧社会需求的计算能力,除了原有的集成电路和计算机产业,超算中心、数据中心、边缘计算单元等已成为目前主要的算力供给设施;高效能是指在最大限度提升计算运行效率的同时,尽可能降低单位能耗,以保障对规模巨大、结构复杂、价值稀疏的大数据的高效处理。

2.4.3　高安全、高可信

在体系方面,智能计算突破计算过程、数据共识和应用环境的信任与安全防护技术,支撑大规模泛在互联计算、人-机-物三元空间深度融合的跨域信任与安全防护,建立自主可控的可信安全技术与支撑体系,实现数据的融合、共享和开放,促进智慧社会生产生活、社会活动、政府治理的全面数字化网络化。具体而言,高安全是指通过融合软硬件、网络安全和隐私保护技术,实现计算系统的网络安全、存储安全、内容安全、流通安全;高可信是指通过可信硬件、可信操作系统、可信软件、可信网络、隐私计算等关键技术,实现身份、数据、计算过程、计算环境可信任。

2.4.4　自动化、精准化

在机制方面,智能计算以计算任务为导向,根据任务执行情况动态调整系统架构,在软件和硬件层面进行定向耦合重构,按需匹配计算资源,实现自动化需求计算和精准化系统重构。具体而言,智能计算的自动化是指计算过程的自动化,包括自动化的资源管理与调度、自动化的服务创建与提供,以及对任务生命周期的自动化管理,因此自动化是评价智能计算的友好性、可用性、服务性的关键;精准化使计算服务更具"锚向性",能解决计算任务快速处理与计算资源及时匹配等难点,使计算服务走向智能化。

2.4.5　协同化、泛在化

在能力方面,智能计算利用人-机-物异质要素感知能力的差异性、计算资源的互补性、节点间的协作与竞争性,综合应用物联网、移动互联网、大数据、云计算与人工智能等技术,促进物理空间、信息空间和社会空间的无缝对接,促成三元空间的互相渗透、相互作用与有机融合,实现计算服务的协同化和泛在化。具体而言,协同化是指人与机器间通过协作,相互促进智能水平提升,满足智能化任务的需求;泛在化是指通过智能计算的理论方法、架构体系、技术手段等实现的智慧社会万物皆需计算、计算无处不在的效果。

2.5　智能计算实现的转变

智能计算实现了七个方面的转变(图 2-8)。计算空间由信息社会转变为智慧社会,载体由硅基转变为硅基＋碳基,架构由冯·诺依曼结构转变为广域＋异构结构,模式由数据驱动转变为知识驱动,对象由面向过程转变为面向复杂任务,方法由单一低效转变为多元高效,计算范式由数据计算转变为智能计算。由这一系列的转变可以看出,智能计算是计算技术发展的必然途径。

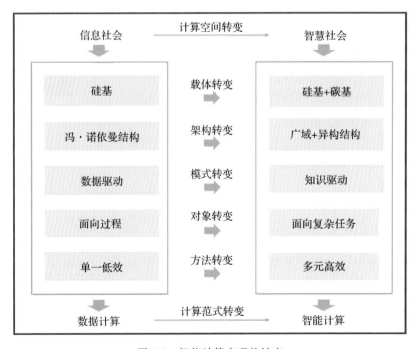

图 2-8　智能计算实现的转变

2.5.1　计算空间的转变

在传统的二元空间中,计算仅在信息空间发生,人的智能思维与信息空间的计算过程是相互独立的。计算是执行确定性、机械的操作。随着人-机-物三元空间高度融合,信息的获取、传输、存储、处理、决策、控制、应用和安全等全过程皆为计算,计算无处不在。相对于传统的计算,三元空间中计算服务需要具备泛在感知、随需接入、绿色智能等特性,且能够在未预编程的情况下,通过自主探索和群体协同,智能地求解复杂问题。

2.5.2　计算载体的转变

传统计算经历了电子管、晶体管、集成电路、大规模集成电路等技术迭代,促成了巨型机、小型机、个人电脑、网络计算机等形态的演变。近年来,摩尔定律失效的趋势逐渐显现,单纯提高芯片集成度和计算单元数量的发展模式遇到了巨大的瓶颈,无法满足智慧时代对计算的需求。为突破这一瓶颈,人们开始对计算的载体进行新的探索。除了传统用于制备二极管、三极管的硅基材料,碳基材料、半导体材料、生物材料等也开始进入人们的视野,这些新型计算材料有望大幅提升计算的效能。

2.5.3　计算架构的转变

个人计算机、超级计算、云计算和智能计算的架构分处不同的维度。个人计算机强调通用性,能够按照指令对各种数据和信息进行自动加工与处理,方便携带,但不具备超大规模计算的处理能力;超级计算强调高算力,通过集中式的大型集群来达到超快的计算速度,为特定领域的高密集数值计算提供支撑;云计算强调方便性,通过虚拟化计算和存储资源,满足用户多样化、动态化的计算需求;智能计算有异构集成和广域协同两种新的架构形态,在提升单个计算单元算力的同时,通过跨域协同、智能调度实现资源的最优分配,提升计算效率。

2.5.4 计算模式的转变

数据驱动型智能以深度学习为代表,具有一定局限性:一方面,标注数据的稀疏、真实场景的复杂性使得数据驱动的计算性能受限;另一方面,深度学习模型的认知能力有限、常识匮乏,远远无法达到人类理解水平,目前只能通过海量数据训练的方式在特定任务上增强效果,模型的通用性和泛化性问题得不到解决。智能计算通过认知计算的相关理论方法,模仿人脑对问题进行求解、推理、决策、理解和学习,从根本上跨越感知和认知的鸿沟,增强机器智能的学习能力和推理能力,将数据驱动型智能提升为知识驱动型智能。

2.5.5 计算对象的转变

传统计算受基础理论方法、软硬件架构的局限,计算步骤依赖计算机程序实现,需要人为设定求解步骤,由计算机转化为二进制进行逐一求解。在人-机-物三元空间高度融合的智慧社会,计算任务趋于多元化、复杂化,非自动化求解方式给计算效率带来极大阻碍。智能计算具备类人的认知能力和自学习能力,通过计算系统软硬件的可重构和智能化、跨域智能协同和资源智能适配、计算任务智能化理解和计算过程自动化构建,可以实现计算过程的自主化、自动化、智能化和精准化,有效解决多元复杂任务的自动求解问题。

2.5.6 计算方法的转变

传统计算需要对通用和高效进行取舍。以个人计算机和超级计算机为例:个人计算机便携、易用,在计算量不大的情况下,可以处理日常的信息和数据;超级计算机安全环境要求高、算力强大,但功能单一,只能用于解决很小一部分高性能计算问题。在三元空间里,智能化应用无处不在,对计算提出更高的要求——开放且高效。智能计算通过异构集成、协同计算、安全可信、人机混合等新型计算架构,有效协同三元空间中各种计算资源,让计算变得透明、无处不在,可以高效、主动、智能地求解各种问题。

2.5.7　计算范式的转变

　　人-机-物三元空间中的计算范式呈现出人-机-物深度融合、端-边-云广域协同、感存算管传控一体以及普惠泛在、高效智能等新的特征,各类新的计算方法、计算架构、计算系统、计算平台和交互界面不断涌现,加速推动人类社会迈向智能计算时代。

参考文献

[1]潘云鹤.三元空间到来,人工智能走向 2.0[R].2018.

[2]张立昂.可计算性与计算复杂性导引[M].北京:北京大学出版社,2011.

[3]中国人工智能 2.0 发展战略研究项目组.中国人工智能 2.0 发展战略研究[M].杭州:浙江大学出版社,2018.

[4]刘伟.智能与人机融合智能[J].指挥信息系统与技术,2018,9(4):1-7.

[5]刘伟.人机融合智能的现状与展望[J].国家治理,2019(4):7-15.

[6]曾毅,刘成林,谭铁牛.类脑智能研究的回顾与展望[J].计算机学报,2016,39(1):212-222.

[7]Lehner B A E, Janssen V A E C, Spiesz E M, et al. Creation of conductive graphene materials by bacterial reduction using shewanella oneidensis[J]. Chemistry Open, 2019,8(7):888-895.

[8]吴垚,曾菊儒,彭辉,等.群智感知激励机制研究综述[J].软件学报,2016,27(8):2025-2047.

[9]Jaimes A, Gatica-Perez D, Sebe N, et al. Human-centered computing—Toward a human revolution[J]. Computer,2007,40(5):30-34.

[10]Roberts C, Milsted A, Ganahl M, et al. Tensornetwork:A library for physics and machine learning[J/OL]. arXiv preprint arXiv:1905.01330,2019.

[11]Vehling T. Analog compute is key to the next era of AI innovation[EB/OL]. (2022-01-05)[2022-03-01]. https://www.eetimes.com/analog-compute-is-key-to-the-next-era-of-ai-innovation.

[12]Cai H, Liu B, Chen J, et al. A survey of in-spin transfer torque MRAM computing[J].

Science China Information Sciences,2021,64(6):30-44.

[13]陈悦,刘则渊,陈劲,等.科学知识图谱的发展历程[J].科学学研究,2008,26(3):449-460.

[14]Shi H,Ding L,Zhong D,et al. Radiofrequency transistors based on aligned carbon nanotube arrays[J]. Nature Electronics,2021,4(6):405-415.

[15]Ren J,Zhang D,He S,et al. A survey on end-edge-cloud orchestrated network computing paradigms: Transparent computing, mobile edge computing, fog computing, and cloudlet[J]. ACM Computing Surveys(CSUR),2019,52(6):1-36.

[16]伯顿,陈龙,霍斯特罗姆,等.理解大数据:数字时代的数据与隐私[R].2021.

[17]Yuille A L, Liu C. Deep nets:What have they ever done for vision? [J]. International Journal of Computer Vision,2021,129(3):781-802.

[18]郝志超,王旨思虹.2021 年全球网络空间安全态势分析[J].信息安全与通信保密,2022(1):2-10.

3　智能计算的类型和形态

　　智能计算有不同的发展渊源和流派,它们在理论、方法、能力等方面呈现出显著差异,因此类别和形态也随之千差万别。半导体芯片计算、类脑计算、生物计算等各类智能计算技术,因为计算原理和载体的差异性而有着各自擅长的应用方向。本章期望从不同的维度和层级来阐述智能计算的分类和形态,帮助读者从多个视角理解不同智能计算技术之间的差异性。具体而言,我们将从创新目标、技术方案、空间形态三个维度对智能计算进行分类,从硬件、系统、软件、任务四个层级阐述智能计算的代表性形态。

3.1　智能计算的类别

　　智能计算的类别,可以从创新目标、计算介质、物理形态进行阐述。

3.1.1　按创新目标分类

　　智能计算的发展依次经历了数据智能、感知智能、认知智能、融合智能四个阶段,每个阶段受到不同类别功能目标的驱动:数据智能——提升算力、降低能耗;感知智能——多维感知、全域洞察;认知智能——增强智能、走向认知;融合智能——万物互联、融合泛在(图 3-1)。具体地,数据智能计算的主要目标在于提升计算的算力水平,降低迅猛增长的计算能耗;感知智能计算的主要目标在于增强信息的获取和交互,提升感知信息的融合计算能力;认知智能计算的主要目标在于提升计算智能水平,提高机器的理解、认知和决策能力;融合智能计算的主要目标在于解决万物互联时代人-机-物三元空间中的计算问题,实现信息获取、传输、存储、处理、决策、控制、应用和安全等各环节的高效协同与融合。

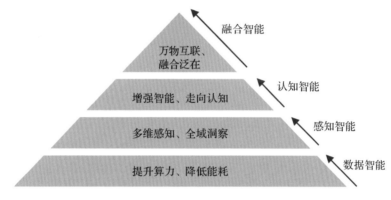

图 3-1　智能计算的创新目标

3.1.1.1　提升算力、降低能耗

随着人工智能技术的飞速发展,算法模型的规模迅速膨胀,模型结构日益复杂,越来越庞大的模型训练对超强的算力提出了需求。OpenAI[1]于 2020 年 5 月推出了无监督生成预训练模型 GPT-3[2],该模型包含1750 亿个参数,训练过程中使用了高达 45TB 的数据、1 万亿的单词量。在如此庞大的模型、数据和算力的支撑下,GPT-3 在语义搜索、文本生成、内容理解、机器翻译等方面均取得了重大突破。GPT-3 的成功证明"大力"确实能出奇迹,即参数规模的扩大确实可以提升性能。

在 GPT-3 的启发下,规模更大的深度学习模型不断涌现。2020 年 8月,谷歌推出 GShard[3],其参数规模达到 6000 亿。次年 1 月,谷歌又推出 Switch-C[4],参数规模达到 1.6 万亿。北京智源人工智能研究院推出的"悟道 2.0",参数达到 1.75 万亿,是目前全球范围内规模最大的预训练模型。参数规模的不断增加对算力提出了更高的要求，而这同时意味着巨大的计算能耗。例如，OpenAI 用于 GPT-3 的超级计算机使用了28.5 个 CPU 内核、10000 个图形处理器（graphics processing unit, GPU），对 1750 亿个参数进行一次训练需要花费 1200 万美元。随着算力水平需求的快速发展，以数据中心、人工智能为代表的信息基础设施所引发的能耗问题也进一步凸显。

智能计算中数据计算的核心创新目标，是提升算力降低能耗。实现该目标的手段包括：①研究类脑计算、生物计算、光子计算等新原理的计算方法；②研制 GPU、FPGA（field programmable gate array，现场可编程门阵列）、ASIC（application specific integrated circuit，专用集成电路）等不同类型的 AI 芯片，并通过异构融合技术实现各类芯片的融合，从而将计算任务分配至其最适合的计算单元，以得到更高的算力和效能；③提升深度学习模型的拟合表征和学习推理能力，同时利用模型压缩与炼知等方法降低模型规模，研究小样本学习、无监督和半监督学习等新算法模型[5]。

3.1.1.2　多维感知、全域洞察

随着物联网、大数据、云计算与边缘计算等新兴技术的发展，万物感知、万物互联的感知智能时代正在到来。日常生活中，人类几乎每时每刻都需要用到身体器官的感知能力。例如，烹饪食物时，我们需要用眼睛观察各种食材，用耳朵听锅灶发出的各种声音，用双手触碰和操作不同种类的烹饪用具，用鼻子闻食物散发的味道，这个过程涉及视觉、听觉、触觉、嗅觉等感知能力。人和动物都能够通过这种感知能力与自然界进行交互。

类比于人类的感知能力，感知智能是指利用摄像头、麦克风或其他传感器硬件设备对物理世界的信号进行捕捉，并依靠语音识别、图像识别等前沿智能技术将其映射到数字世界，最后再将这些数字信息进一步提升至记忆、理解、规划、决策等可认知的层次。感知智能包括机器视觉、机器听觉、机器触觉、机器嗅觉、跨媒体感知等。

机器视觉[6]包括从现实世界中获取、处理、分析和理解图像与高维数

据以产生数字或符号信息的一系列方法。机器视觉在很多方向都有实际
应用,例如人脸识别、视频监控、图像搜索、三维建模和美学评价等。2020
年,《自然》(*Nature*)期刊报道了一种新开发的图像传感器阵列[7],可作为
人工神经网络来同时捕获和识别光学图像,无须将光学图像转化为数字
格式,也能对图像进行快速分类。

机器听觉是计算机或机器接收和处理声音数据的能力[8]。机器听觉
应用包括音乐录制和压缩、语音合成和语音识别。此外,这项技术允许机
器复制人脑的能力,即有选择地专注于特定声音,而不是关注其他竞争声
音和背景噪声,这种"特殊能力"被称为"听觉场景分析"。

机器触觉通过触觉传感器采集得到触觉信息,并将其交由机器进行
处理,类似人类的触觉功能。机器触觉应用包括表面特性的触觉感知和
灵巧性,由此触觉信息可以实现智能反射和与环境的交互。2019 年,《自
然》期刊报道了由麻省理工学院人工智能实验室的科学家所研发的触觉
手套[9]。该手套安装了 548 个传感器,能利用深度学习算法让智能手套
学习人类方式,如通过触摸来识别物体(图 3-2)。

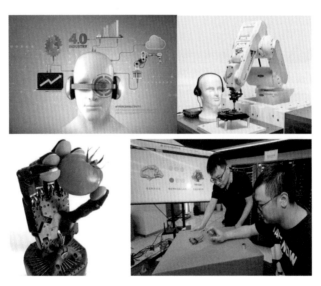

图 3-2 机器模拟人类感知能力

机器嗅觉是通过对嗅觉的自动化模拟,探测并感知空气中的化学物质。其应用包括食品加工中的质量控制、医学检测和诊断、毒品等危险或违法物质的检测、灾害响应、环境监测等。2020 年,英特尔(Intel)公司和康奈尔大学共同研发了基于人工智能芯片和传感器的类人嗅觉芯片[10],该芯片拥有由 1 亿个神经元所组成的神经拟态计算系统,能够实现类似人类的嗅觉能力,该项研究成果已经公布在《自然·机器智能》(*Nature Machine Intelligence*)期刊。

跨媒体感知计算理论主要面向三元空间实时感知和认知的需求,从人脑通过视觉、听觉、语言等感知渠道将外部世界转化为内部模型的过程中学习。要实现跨媒体感知应用,应研究低成本、低能耗的传感器和智能感知技术,突破适应复杂场景的主动感知技术,提出多模态统一感知认知理论和多模态协同技术,实现超人感知和类人认知,发展高动态、高纬度、多模态大场景分布式感知系统。

3.1.1.3　增强智能、走向认知

随着算力水平的提升以及机器学习、深度学习理论算法的提出和完善,计算系统的智能水平也在逐步攀升。人工智能概念于 20 世纪 50 年代被提出[11],其后经历了从知识工程到数据学习,从小数据到大数据,从线性建模到非线性刻画,从浅层建模到深度学习,从判别预测到推理决策,从相关性度量到因果推断的重大变迁。随后,一系列具备象征意义的人工智能系统陆续出现并被广泛应用,极大地拓展了人类的认知范围和对人工智能的理解。

1997 年 5 月,超级计算机"深蓝"打败了国际象棋世界冠军加里·卡斯帕罗夫(Garry Kasparov),人工智能首次在国际象棋上战胜人类。2016 年 1 月 27 日,《自然》期刊封面文章[12]报道,谷歌 DeepMind 研发的人工智能机器人 AlphaGo 在没有任何让子的情况下,以 5∶0 完胜欧洲围棋冠军、职业二段选手樊麾。2016 年 3 月,AlphaGo 在与职业九段棋手、世界冠军李世石的对战中,以 4∶1 的总比分取得完胜。除此之外,人工智能在不完全信息博弈游戏中也取得了巨大突破。2011 年,IBM"沃

森"在德州扑克 Jeopardy! 决赛中击败了两位人类顶尖职业选手,最终"沃森"获得了 77147 美元奖金,而两位人类选手分别获得了 24000 和 21600 美元(图 3-3)。2019 年,Facebook 和卡耐基梅隆大学共同开发的德州扑克人工智能机器人"Pluribus"战胜了五名专家级人类玩家。2020 年 12 月,DeepMind 推出"MuZero",该系统能够让一种人工智能模型掌握多种游戏,如将棋、国际象棋和围棋。

图 3-3　AlphaGo 和 Jeopardy!

　　人工智能在棋牌类游戏上的种种优异表现表明,在单项或单类计算任务中,人工智能可以具有接近人类甚至超越人类的能力。但是,上述系统仍属于数据智能的范畴,还不具备认知理解、逻辑推理和执行通用任务的能力,与人类智能还有一定的差距。智能计算中认知智能的创新目标,是提升智能水平,走向认知智能。这就要求人工智能将已掌握的规律进行扩展,举一反三、融会贯通,并逐步具备与人类相近的认知学习、逻辑推理、抽象和解决问题的能力,从而在广泛的领域中执行各类通用任务。

　　随着时间的推移,认知智能系统需要学会改进识别模式的方式和处理数据的方式,从而预测新问题并为可能的解决方案建模。同时,认知智能计算系统需综合来自各种信息源的数据,权衡上下文和相互矛盾的证据以给出合适的答案。为实现上述目标,智能计算需要重点突破认知计算相关理论,通过对人脑的神经生物学过程和认知机理的启发式研究,改良计算硬件,优化计算方法,提升计算的智能水平。

3.1.1.4 万物互联、融合泛在

在万物互联时代,人-机-物三元空间的计算是融合泛在且智能的计算,三元空间中的计算思维是"万物皆需计算,计算无处不在"。从物理世界到社会模拟,从数字化人到人机物无缝协同,需要无处不在的计算。人-机-物融合计算能够结合人、类智能和人工智能,充分利用人与物在交互过程中产生的数据,创造出更加智能的世界。

智能计算中的人-机-物融合计算需要解决万物互联时代人-机-物三元空间中的计算问题,实现信息获取、传输、存储、处理、决策、控制、应用和安全等各环节的计算,通过利用人-机-物异质要素感知能力的差异性、计算资源的互补性、节点间的协作与竞争性,促进人-机-物异质要素高效协同与融合,实现计算服务泛在化。

人-机-物融合计算是人类社会、信息空间和物理世界所构成的三元世界中的重要形态。有效协同与融合人机物异质要素,进而构建新型智能计算系统,通过自适应地组织拥有不同功能的各要素来适应多变的环境及应用场景,是满足智能制造、智慧城市、社会治理等国家重大需求的有力支撑。

3.1.2 按计算介质分类

智能计算任务需要能够高效处理海量的结构化数据和非结构化数据(文本、视频、图像、语音等),实现数据密集型的大数据计算,或者计算密集型的深度神经网络计算。这对芯片的多核并行运算、片上存储、互联带宽、低延时访存等能力提出了较高要求。针对上述不同类型的需求,智能计算新型方法应运而生,业界发展出了基于不同半导体介质的计算芯片以及光子计算、生物计算等新型计算技术。按计算介质进行分类,本节主要介绍硅基半导体芯片、碳基半导体芯片、半导体芯片模拟计算和光子计算(图 3-4)。

3.1.2.1 硅基半导体芯片

当前最主流的半导体芯片是硅基半导体芯片,其发展经历了从 CPU

图 3-4　按计算介质分类

到 GPU，到 TPU，再到 NPU（neural network processing unit，神经网络处理器）。随着计算任务的精细化和深入化发展，处理器针对个性化需求做出一些定制的设计。这些专用的处理器在特定的应用领域和计算任务中取得了良好的效果。

（1）GPU 芯片。GPU 是专门设计以用于图形处理/渲染、通用计算、AI 加速相关运算工作的微处理器。传统的通用 CPU 之所以不适合人工智能算法的执行，主要是因为其计算指令遵循串行执行的方式，没能发挥出芯片的全部潜力。与之不同的是，GPU 具有高并行结构，在处理图形数据和复杂算法方面拥有比 CPU 更高的效率。对比 GPU 和 CPU 在结构上的差异可以发现，CPU 大部分面积为控制器和寄存器，而 GPU 拥有更多的 ALU（arithmetic logic unit，逻辑运算单元），可用于数据处理，这样的结构适合对密集型数据进行并行处理。

在 GPU 芯片领域，美国 NVIDIA（英伟达）公司在技术水平和市场占有率上都处于领先地位。NVIDIA 推出的 CUDA（Compute Unified Device Architecture，统一计算设备架构）运算平台，是一种支撑多种编程语言的通用并行计算架构，可以利用 GPU 的处理能力，大幅度提升深度学习计算性能。当前，几乎所有的 AI 软件库都支持使用 CUDA 加速，包括谷歌的 TensorFlow、Facebook 的 Caffe 和亚马逊的 MXNet 等。2022 年 3 月，NVIDIA 发布了采用全新架构的 H100 规格 GPU，具备 144 组、数千个 CUDA 核心，辅以 576 个第四代 Tensor 核心。与此同时，美国超威半导体（AMD）公司和英特尔公司都在 GPU 芯片领域积极布局，重点投入研发。国内 GPU 芯片研发起步相对较晚，但也在积极追赶，涌现出景嘉微、天数智芯、壁仞科技、瀚博半导体、芯动科技等一大批 GPU 芯片厂商。

（2）FPGA 芯片。不同于 CPU 和 GPU 芯片，FPGA 芯片在出厂时是"万能芯片"，具有更强的灵活性和可重构特性，具有模块化功能特征。用户可根据自身需求，用硬件描述语言（hardware description language，HDL）对 FPGA 的硬件电路进行编程重构。我们通过计算、存储和控制三个方面来简要介绍 FPGA。在计算方面，FPGA 使用了大量基本的可配置逻辑块模块（configurable logic block，CLB），这些模块通过查找表（loop-up table，LUT）的方式实现各种功能。在存储方面，出于灵活性考虑，FPGA 通常会提供大量的片上存储资源，可以配置成不同的形式。在控制方面，FPGA 要求设计者通过配置 CLB 来控制和使用片上资源。FPGA 芯片适用于航空航天、汽车工业等垂直行业。

Xilinx（赛灵思）和 Altera（阿尔特拉）是全球领先的 FPGA 芯片和解决方案供应商，两者占据了大部分的市场份额，这两家厂商已分别被半导体巨头英特尔和 AMD 收购。国内 FPGA 头部厂商包括京微齐力、紫光同创、复旦微电子、安路科技、高云半导体和西安智多晶等。

（3）专用计算芯片。除 GPU、FPGA 外，面向特定应用领域的各类专用计算芯片不断涌现，在专门的计算任务中取得了良好的效果。

数据处理器（data processing unit，DPU）是最新发展起来的一类专用处理器，为高带宽、低延迟、数据密集的计算场景提供计算引擎。与 GPU 的发展类似，DPU 是应用驱动的体系结构设计的又一典型案例；但与 GPU 不同的是，DPU 面向的应用更加底层，类型也更加多样。DPU 要解决的核心问题是基础设施的"降本增效"，即将 CPU 处理效率低下、GPU 处理不了的负载卸载到专用 DPU，提升整个计算系统的效率，降低整体系统的总体拥有成本。DPU 将有望与 CPU 和 GPU 的优势互补，在数据中心中被大规模使用，达到与数据中心服务器等量的级别。

TPU 芯片是一款专用于机器学习的芯片，由谷歌于 2016 年提出，是针对 TensorFlow 计算框架[13]的可编程 AI 加速器。第一代 TPU 使用脉动阵列机的结构,在进行卷积神经网络计算时具有显著高于通用计算芯片的运算速度和能耗比,但是在进行其他类型的神经网络计算时,其效率并不高,并且仅能用于神经网络推理。经过多年迭代优化,目前 TPU 已发展到第四代,不仅可用于神经网络训练,同时可适配更广泛的神经网络类型。TPU 可以提供高吞吐量、高效能的神经网络张量计算,已应用于AlphaGo、谷歌地图、谷歌翻译等程序中。

NPU 是一种嵌入式神经网络处理器,它采用"数据驱动并行计算"的架构,在电路层模拟人类神经元和突触,并且用深度学习指令集,直接处理大规模的神经元和突触。相比 CPU 和 GPU,NPU 更擅长处理人工智能任务,但也有不足之处,比如目前它并不支持对大量样本的训练,相对来说更擅长预测和推理。2014 年寒武纪发表的"DianNao"系列论文是专用人工智能芯片 NPU 架构设计的先河之一,不仅催生了寒武纪系列NPU,还在一定程度上引领了华为"达·芬奇"架构 NPU、阿里"含光"的出现。

3.1.2.2 碳基半导体芯片

在过去数十年时间里,硅基半导体计算芯片遵循摩尔定律快速发展。但随着芯片尺寸不断缩小,传统的硅基半导体芯片即将达到物理定律和技术制造的天花板,性能提升空间已经非常有限。在此前提下,碳基半导体纳米芯片(包括碳纳米管、石墨烯、拓扑量子材料等)为下一代计算提供了可能的解决方案。

碳纳米半导体芯片是以碳纳米材料为基础开发的,其中最有代表性的结构为碳纳米管(图 3-5)。在芯片制造领域,碳纳米管相比于硅基具有如下优良特性:体积小、韧性极高,可以承受弯曲、拉伸等应力;电信号传输过程的延迟很短,具有良好的导电性能和节效能应。由于上述优良特性,以碳纳米管替代硅制造芯片的想法被寄予厚望。在世界范围内,最早实现碳纳米管器件制备的是 IBM,其在 2014 年成功制备出碳纳米管20nm 栅长器件。2019 年,麻省理工学院研究团队发布全球首款碳纳米管通用计算芯片,使用超过 14000 个晶体管,并且碳纳米管产率为

100%。2020年5月,北京大学彭练矛院士团队在《科学》(*Science*)上发文[14],制备了栅长10nm的碳纳米管顶栅互补金属氧化物半导体(complementary metal oxide semiconductor,CMOS)场效应晶体管,碳纳米管阵列排列密度达到每微米200~250根。但由于材料缺陷、制造工艺等方面的难题,碳纳米结构的半导体芯片还处在研究探索之中,大规模产业化应用仍需时日。

图3-5　碳纳米管结构

Ⅲ～Ⅴ族化合物是指化学元素周期表中的ⅢA族元素硼、铝、镓、铟、铊和ⅤA族元素氮、磷、砷、锑、铋组成的化合物。通常所说的Ⅲ～Ⅴ族半导体是由上述ⅢA族和ⅤA族元素组成的两元化合物。相比于硅基半导体,Ⅲ～Ⅴ族半导体具有很高的电子迁移率,它们在低场和高场下都具有优异的电子输运性能,是超高速、低功耗N型金属-氧化物-半导体(N-channel metal-oxide semiconductor,NMOS)的理想沟道材料。Ⅲ～Ⅴ族半导体芯片在光电感知、功率半导体等领域获得了广泛应用。GaN功率半导体厂商纳微半导体发展了GaN功率集成电路技术,其产品运行速度比传统硅芯片快20倍。该公司预测,GaN芯片的市场规模在2026年可能增长至130亿美元以上,应用领域将包括移动、消费、企业、可再生能源和电动交通工具等。

3.1.2.3　半导体芯片模拟计算

半导体芯片模拟计算是利用CPU、GPU、FPGA等半导体计算单元,借鉴生物神经系统、量子计算等理论方法和体系结构,实现的新型计算技术。本节主要介绍类脑计算、生物计算这两种计算形式。

最典型的半导体芯片模拟计算是类脑计算。人的大脑可以获取有关世界运转规律的常识,实现高度抽象和复杂的逻辑推理,通过与外界交互,实现自主学习(无须显式编程)、高度容错(容忍大量神经元的死亡而不影响其基本功能)、高度并行性(约 10^{11} 个神经元)、高度连接性(约 10^{15} 个突触,即神经元之间的连接点)、低运算频率(约 1kHz)、低通信速度(每秒几米)和低功耗(约 20W)等,其智能水平和效能比是当前计算机难以企及的。据估算,为了达到人脑的计算能力,必须联合使用 10 万个功耗 250W 的 GPU 处理器,能量消耗超过人脑的 100 万倍。

类脑芯片基于数字电路、模拟电路、数模混合电路或新器件,构建专用集成电路系统,仿真人脑神经元以及神经元间的突触连接。类脑计算中的神经元结构既有计算能力,也有存储能力,从根本上消除了冯·诺依曼体系结构的"存储墙"问题。通过对类脑计算进行研究,能够更好地理解脑计算模型,为实现高级的人工智能提供路径。

生物计算是指利用生物系统固有的信息处理机理而研究开发的一种新技术,以生物学的方法解决计算问题。利用有机(或生物)材料在分子尺度内构成的有序体系,提供通过分子层次上的物理化学过程进行信息检测、处理、传输和存储的基本单元,基于此实现天然并行的计算架构。生物计算相对于传统计算有其独特的优势,可以总结为生物计算的并行、分布式计算能力强,且功耗低。并行计算和分布式计算是传统计算机为了解决大规模的、复杂的计算问题而设计的计算模式,而生物计算在并行、分布式计算方面存在传统计算机难以比拟的天然优势。生物计算中的生化联结过程,需要的是分子能,不需要外界的其他能源,总体能耗极低。

生物计算具体包括 DNA 计算、RNA 计算、蛋白质计算、酶计算等,其中 DNA 计算最具代表性。1994 年,DNA 计算机由伦纳德·阿德曼(Leonard Adleman)首次提出,以生物酶作为基本材料,以生化反应作为处理信息的过程,试图以人类处理信息的方式提高计算机对信息的处理效率[15]。2015 年,中国科学院上海应用物理研究所与丹麦奥胡斯大学在《自然·通讯》(*Nature Communications*)期刊上合作发表了一项新成果,提出了基于组合学原理建立类似"查找表"的全新 DNA 计算模式,这种模式显著提升了 DNA 计算的效率[16]。

总体来说,生物计算拥有低功耗、强并行计算能力以及强分布式计算能力等特性,注定成为未来科学研究的热点。而当前遇到的进展困难,大多是生物技术手段上的瓶颈,但换个角度来说,这些技术难点也是机遇。

3.1.2.4 光子计算

随着以深度学习为核心的人工智能技术飞速发展,人们对计算机的算力要求越来越高。尽管已经发展出诸如 NPU、类脑芯片、ASIC 等不同的专用芯片用于提高计算机的运算速度,但是受限于电学带宽,仍难以实现运算速度的巨大突破,传统电子计算机的发展面临严峻挑战。在过去数十年中,为提高计算机计算效能,半导体芯片的制程工艺从 $10\,\mu m$ 发展到 5nm,晶体管的尺寸已经缩小了三个量级。随着尺寸的进一步减小,制造工艺越来越复杂,成本越来越高,同时晶体管之间的铜互连线尺寸和间距随之减小,这导致更大的电阻和电容,限制了传输速率,增大了功耗。

为了突破电子作为计算载体的物理局限性,人们将目光转向光子计算机。光子计算机是一种利用光信号进行数字运算、逻辑操作、数据信息存储与处理的新型计算机。光信号具有超高速、大宽带和抗干扰等特点。相比于电子计算机,采用光子作为传输、处理信息的载体的光子计算机具有下述四个方面的优势。①超高速运算。光子的传播速度相对于电子的速度在千倍数量级以上,因此,光子计算机有实现电子计算机千倍运算处理速度的潜力。②并行处理。利用光子的波长、相位和偏振态等进行并行处理,光子计算机具备实现处理大规模并行任务的能力。③可交叉互连。不同的光信号之间彼此互不干扰。④低功耗。光子计算机在进行光传输和光交换的过程中,能量消耗和发热量都很低,相对于电子计算机来说,具有更低功耗的特点。

1990 年初,美国贝尔实验室宣称制成了世界上第一台光子计算机。该光子计算机包含 4 个阵列,每个阵列由 32 个 GaAs 光学开关组成,运算速度高达 1GOPS[①],同时该计算机可同时处理多个光束。2000 年,上海大学金翊教授团队从计算机基本原理和光的特性出发,研发制造了三值光学计算机(ternary optical computer,TOC)。近年,三大光学中心之一的美国南加州大学提出"光学图灵机"的概念,基于高速光通信链路,试图研发能实现数据包处理、网络安全、大数据过滤等功能的超高速线上光学计算。

同时,受到人工智能神经网络结构的启发,研究者将光子计算与神经网络相结合,提出光学神经网络这一技术,其在语音识别等领域初有成效[17]。借鉴了光学神经网络思路的光子计算机可充分利用光的并行传输优势,以全新的并行处理为基础结构,在性能上远远超越了传统的电子计算机。目前,很多国家都正在斥巨资对光子计算机进行研究。相信随着现代光学、计算机等技术的结合,不久以后,光子计算机便会发展为人类普遍使用的工具之一。

3.1.3 按物理形态分类

智能计算的物理形态主要包括智能分子机器人、智能微系统、智能物质、单体智能计算机、自主智能无人系统、智能超级计算机、中心化计算集群、群体智能计算系统和复杂巨系统(图 3-6)。

3.1.3.1 智能分子机器人

1950 年,美国物理学家理查德·费曼(Richard Feynman)在一次演讲中提出了分子机器人的初步构想。他提出,可以从微观层面出发,组装不同数量的原子和分子,制备在适当的外部刺激(输入)下执行特定操作(输出)的纳米尺寸机器人,即分子机器人。智能分子机器人是指具备一

---

① GOPS 是 giga operations per second 的缩写,1GOPS 代表每秒可进行 10^9 次运算。

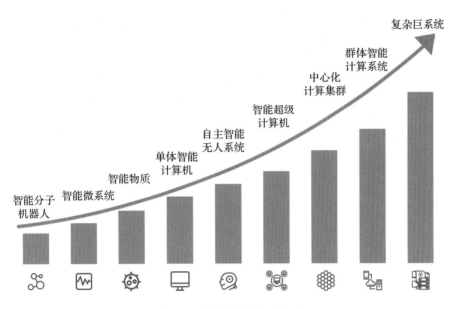

图 3-6　智能计算的物理形态

定智能水平,可以在微纳米尺度自动化执行特定任务的纳米机器人。

2011 年,《科学》报道了艾瑞克·温弗里(Erik Winfree)教授等研究者制备的 DNA 分子机器人,利用人工合成的 DNA 分子在试管中完成了当时最复杂的生化电路。2017 年,钱璐璐教授在《科学》期刊上发表论文"A cargo-sorting DNA robot"(《货物分拣 DNA 机器人》)[18],他们研发出一种全自动的 DNA 机器人,可在纳米尺度上执行任务。该系统包括三种组成元件:能够行走的"腿",能够捡起特定分子的"手",以及能够识别目标分子的"大脑"。这三个看似复杂的模块,各自仅由单链 DNA 的若干个碱基组成。该机器人不仅可以对不同荧光分子进行识别、分拣,而且可以将目标分子转运到特殊地点"卸货"。当多机器人协同工作时,准确率更是接近 100%。智能分子机器人在药物靶向运输、手术的精准操作、生物靶标的感知及解毒等领域具有重要应用前景(图 3-7)。

2016 年的诺贝尔化学奖授予让-皮埃尔·索维奇(Jean-Pierre Sau-vage)、弗雷泽·斯托达特(Sir J. Fraser Stoddart)和伯纳德·L. 费林加

图 3-7　两个 DNA 分子机器人正在分拣荧光

(Bernard L. Feringa)三位科学家,以表彰他们在分子机器设计和制作方面的突出贡献。他们研发出了当时世界上最小的机器人——分子"起电梯"、分子"肌肉"和分子"马达",将分子机器人带入新的发展阶段。当注入能量时,这些具有可控运动的分子可以执行特定的任务[19]。

3.1.3.2　智能微系统

2020 年,北京未来芯片技术高精尖创新中心发布《智能微系统技术白皮书》。书中给出了智能微系统的定义:"智能微系统在一般意义上是以微型化、系统化、智能化的理论为指导,在物质域、信息域、能量域等层级,采用新的架构思想和设计方法,通过三维、异质、异构集成等先进制造手段形成特征尺度为微纳米量级,具备信息获取、处理、通信、执行及能源供给等多种功能,并可以独立智能化工作的微型化系统装置。"

2020 年,《自然》期刊报道了由美国康奈尔大学和宾夕法尼亚大学的研究人员合作研究的微型机器人[20]。该设备采用电化学驱动,尺寸小于0.1mm,可以在低电压(200μV)、低功率(10mW)下工作,可以很容易地与微电子组件集成,构建完全自主的微型智能系统,未来此类智能微系统可以置于人体内,执行检测或者治疗类的任务。

微型惯性测量单元,是一种重要的微机电系统,也是最早应用在航空航天领域的典型的智能微系统之一。它使用微型陀螺仪和微型加速度计作为主要传感器,运用 CPU 处理能力和导航算法,计算载体的位置、速度和姿态参数,同时为控制系统实时传输控制指令。微型惯性测量单元也可以与其他功能模块结合,或者嵌入飞机的"心脏"——飞行控制系统,实现各子系统的异构再集成,完成多源信号感知、信息处理、指令执行、对外通信等工作,便于精确测量系统的定位、姿态和速度[21]。

3.1.3.3 智能物质

智能物质是智能计算的一种特殊介质,不同于传统的"静态物质",智能物质包含传感器,用于环境交互并接收输入和反馈;包含执行器,用于对输入信号做出响应,并调整材料的性能;包含存储器,可长期存储信息,且拥有用于处理反馈的通信网络(图 3-8)。

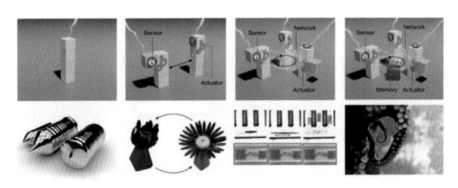

图 3-8　物质的分类及智能物质的组成

2021 年,德国明斯特大学和荷兰特文特大学的相关团队在《自然》期刊上合作发表"The rise of intelligent matter"(《智能物质的崛起》)一文[22],总结了当前已有的关于"智能物质"的研究,指出了"智能物质"研究的三个方向,即基于群集的自组织材料、软体材料和固态材料。例如,基于 DNA 杂交诱导的双交联响应性水凝胶,在外部 DNA 触发器的帮助下,能够通过局部控制材料的体积收缩来模仿人的手势;利用摩擦电效应研发的人造皮肤,可以主动感知被触摸物体的接近、接触、压力和湿度,皮肤可自主产生电响应,而无须使用外部电源。

3.1.3.4 单体智能计算机

单体智能计算机是指单台物理机形态的智能计算设备。随着各类新型计算技术的发展,单体智能计算机不仅拥有超强的算力水平,还能完成需要高算力和高智能水平的计算任务。单体智能计算机的计算介质可以是具备超强算力的新型半导体计算芯片,也可以是生物计算或者光子计算等新型计算机。

2021 年 1 月,《自然》期刊上发表了两篇利用光学特性加速 AI 处理的光子芯片论文。澳大利亚斯威本科技大学、蒙纳士大学等科研院所的研究者在"11 TOPS① photonic convolutional accelerator for optical neural networks"(《用于光学神经网络的 11TOPS 光子卷积加速器》)[23]一文中展示了一种通用光学矢量卷积加速器,其计算速度可超过 10 TOPS,生成了 25 万个像素的图像卷积,足以用于面部图像识别。在 "Parallel convolutional processing using an integrated photonic tensor core" (《使用集成光子张量核心的并行卷积处理》)[24]中,德国明斯特大学、英国牛津大学等科研院所的研究者介绍了一个基于张量核心的计算专用集成光子硬件加速器,通过将相变材料与光子结构结合,利用相变材料集成单元阵列,实现矩阵和向量的并行运算,构建了可以进行卷积运算的集成光子处理器,运算速度可达每秒数万亿次。上述计算为无源过程,理论上可达到很高的运算速度和极低的能耗,具有重要的研究价值和应用价值。

3.1.3.5 自主智能无人系统

自主智能无人系统能够探测外界信息,根据具体任务和相应约束条件,自主规划并优化行为。当约束条件发生变化时,它能够自主调整行为,完成预定的任务,在医疗、安全、工业、服务等不同领域都有重要的应用。

---

① TOPS 是 tera operations per second 的缩写,1TOPS 代表每秒可进行 10^{12} 次运算。

　　智能机器人是自主智能无人系统的一个典型实例。达·芬奇外科手术机器人[25]是当今世界上最先进的医疗外科机器人,它率先突破了 3D 视觉精确定位和主从控制技术,可以辅助医生实现高精度手术。北京航空航天大学联合解放军海军总院突破了医学图像处理、机器人控制优化方面的技术难题,研发了辅助脑外科手术的机器人。美国的战术机器人 Recon Scout 系列被应用于军事侦察任务,人形水下机器人 OceanOne 可以实现人工智能和触觉反馈的协同工作。波士顿动力先后推出了 Big-Dog[26]、Atlas[27] 和 Handle 机器人,它们能够对复杂环境进行感知和运动决策。此外,各大科技巨头正在研制的无人驾驶汽车也是自主智能无人系统的典型实例。

3.1.3.6　智能超级计算机

　　超级计算机,从通俗意义上来讲,就是利用多个芯片,同时执行任务,也就是高性能计算中的“并行计算”。超级计算机采用几万乃至上百万个及以上的处理器进行并行计算,具备极快的数据处理速度、超高的数据存储容量及超强的运算能力,能够解决其他计算机难以解决的、具有挑战性的问题。

　　2020 年 6 月,国际组织“TOP 500”发布最新的全球超级计算机 TOP 500 榜单。日本新一代超级计算机“富岳”(Fugaku)采用 ARM 架构,是一台拥有世界最快计算速度的理研超级计算机,运算速度达到 415PFLOPS[①],峰值速度可达 1000PFLOPS,夺得全球超算冠军。美国橡树岭国家实验室(Oak Ridge National Laboratory)开发的“顶点”是目前美国最快的超级计算机,位居全球第二位。美国能源部下属劳伦斯·利弗莫尔国家实验室(Lawrence Livermore National Laboratory)开发的“山脊”、中国开发的“神威·太湖之光”和“天河二号”分列第 3、4、5 名。中国共有 226 台超级计算机上榜,总体份额占比超过 45%,在上榜数量

---

　　① FLOPS 是 floating-point operations per second(每秒浮点运算次数)的缩写,PFLOPS 即 petaFLOPS,1PFLOPS 代表每秒执行 10^{15} 次浮点运算。

上位列第一。

近年来,深度学习和大数据发展迅速,相关智能应用需要"算得巧"的智能计算机的支持,同时需要"算得快"的超级计算机支撑,智能与超算近几年出现历史性的汇合。2019 年,中国工程院院士、曙光信息产业股份有限公司董事长李国杰表示,在找到变革性的智能平台之前,超级计算是研究和应用人工智能的基础。面向应用的智能超级计算已经成为发展人工智能的强大计算平台。2018 年,中国气象局安装了"派–曙光"超级计算机,峰值计算速度达 8PFLOPS,计算能力跃居气象勘测领域世界第三位。2019 年 4 月,美国洛斯阿拉莫斯国家实验室(Los Alamos National Laboratory)和日本理化学研究所合作,利用"三一"超级计算机研究了基因开关的具体过程。

3.1.3.7 中心化计算集群

分布式计算是协同利用互联网计算机的 CPU 处理能力来解决大型计算问题的一种计算科学,主要用于研究如何把巨大的问题分解成许多小任务,然后把这些小任务分配给许多计算机进行处理,最后把这些计算结果综合起来,得到最终结果。在两个或多个软件之间互相共享数据,这些软件既可以在同一台计算机上运行,也可以在联网的多台计算机上运行。

分布式计算的一个代表性类别为高性能计算(high performance computing,HPC)集群,它包括基于通用服务器集群和高度专用硬件集群。大多数 HPC 集群使用高性能网络互联(包括 InfiniBand 或 Myrinet 网络),总体网络性能和传输速率较高。HPC 集群的出现大大提高了计算能力,使得大规模的复杂的科学计算成为可能,为科技发展带来了新的契机。人们为高性能集群计算任务设计了各类并行计算库,例如服务于科学计算设计的 MPI 库,用于协调程序运行中各计算节点之间的任务调度和数据通信。

3.1.3.8 群体智能计算系统

自然界的一些群居生物,如鸟群、蚁群、蜂群等,在漫长的进化过程中形成了一个特殊的智能形态。其主要特点在于,尽管个体的智能和行为都非常简单,但是当它们以群体协同工作时,却能展现出非常复杂的行为特征。例如,鸟类在群体飞行中往往表现出一种智能的簇拥协同行为,尤其是在长途迁徙过程中,以特定的形状组队飞行,可以充分利用互相产生的气流,从而减少体力消耗;鱼类成群游行时,鱼群中单个成员参照周边个体的行为,不断调整自己的游动方向和速度,这不仅可以有效利用水动力减少成员个体消耗,而且更有利于觅食和生殖。

受生物群体行为的启发,Gerardo 和 Jing Wang 在 1989 年提出了群体智能的概念[28]。群体智能是指在由众多简单个体组成的某群体中,通过相互之间合作所表现出来的智能行为。群体智能系统通常由一群简单的代理或类群组成,个体和与其邻近的个体进行某种简单的直接通信,或通过改变环境间接与其他个体通信,从而相互影响、协同动作。在自然界的群体智能系统中,社会生物在以一个统一的动态系统集体工作时,其解决问题和决策的能力远超单独成员。群体智能不是多个体的简单集合,而是超越个体行为的一种更高级的表现。

2002 年在《科学》期刊上发表的"Getting the behavior of social insects to compute"(《社会性昆虫行为的计算》)[29]一文提到,蚂蚁群体的行为被认为是"计算机算法",每只蚂蚁都执行简单的程序,蚁群"计算机"中每只蚂蚁都只是通过与一小部分蚂蚁交互来进行决策和行动,但是整个蚁群却体现出巨大的复杂性和智慧,能对巢穴搬迁等重大问题形成最终决策。

与生物界中的群体智能类似,智能计算的群体智能交互也涉及各类计算单元的汇集和协同,形成新的交互形态。得益于自组织、无中心控制、高鲁棒性、灵活且低能耗等特点,群体智能计算在面对大规模的复杂问题时仍能给出最优解。如今群体智能计算已被广泛应用于函数优化、多目标优化、求解整数约束和混合整数约束优化、神经网络训练、信号处理等诸多领域,并取得了良好的实践效果。

3.1.3.9 复杂巨系统

开放的复杂巨系统及其方法论是钱学森在 20 世纪 80 年代总结和提

炼出来的一门学科。复杂巨系统一般包含种类和数量繁多的子系统,从其可观测的整体系统到子系统,中间涉及很多层次,各个层次之间具有高度非线性的作用机制。因为开放的复杂巨系统与周围环境存在着物质、能量和信息的交换,所以系统不同层面的动态行为常常表现出多面的信息、结构和形态。复杂巨系统是智能系统与智能科学、信息系统与信息技术、软件工程与知识工程等领域中的复杂问题,涉及诸多大型智能信息系统和处理工程与应用。

　　智慧城市是复杂巨系统的一个典型范例。数字城市是城市信息化发展初级阶段的产物,它将城市信息基础设施(网络、数据)作为支点,以可视化方式再现城市自然-社会-经济复合系统的各类资源的空间分布状况,是对城市规划、建设和管理的各种方案进行模拟分析和研究的城市信息系统体系。数字城市与物联网结合,形成智慧城市。智慧城市通过互联网把无处不在的传感器连接起来,形成物联网,并通过超级计算机和云计算实现物联网的整合,实现对数字城市与城市系统的全面感知,然后利用云计算等技术对感知信息进行智能处理和分析,实现城市的智能化管理及服务[30]。2016年之后,新型智慧城市的概念被提出,更强调城市信息化的整体效能,是现代信息技术和城市发展深度融合的产物[31]。

3.2　智能计算的形态

3.2.1　智能计算硬件形态

　　智能计算硬件形态的核心特征是异构集成。异构集成主要是指将多个不同工艺节点单独制造的芯片封装到一起,以增强功能性和提高性能,从而对采用不同工艺、不同功能、不同制造商的组件进行封装。它脱离了传统的演进式处理器设计路径,为高性能计算带来了新的机遇和挑战。

　　所谓的异构,是指CPU、DSP(digital signal processing,数字信号处理)、GPU、ASIC、协处理器、FPGA等使用不同类型指令集和不同体系架构的计算单元组成一个混合的系统。通过整合不同架构的运算单元来进行并行计算,就叫作异构计算。异构计算能够整合各种计算资源的分布和并行计算技术,以及不同架构和指令集、不同功能的硬件,是解决算力瓶颈的一种重要方式。而要想实现异构计算,异构集成以及先进的封装技术扮演着极其重要的角色,它们的发展使得在单个封装内构建复杂的系统成为可能。

智能计算的硬件形态可以分为四种:硅基计算芯片异构、芯片与计算单元异构、计算和存储单元异构以及计算和感知单元异构(图 3-9)。

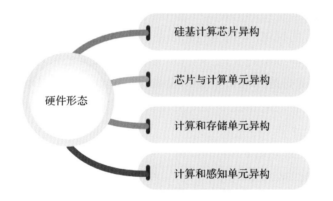

图 3-9　智能计算的硬件形态

3.2.1.1　硅基计算芯片异构

将不同类型的硅基计算芯片异构集成,每一种不同类型的计算单元都可以执行自己最擅长的任务。异构集成的计算方式分为系统异构计算和网络异构计算两大类。系统异构计算以单机多处理器的形式提供多种计算类型;网络异构计算分为同类异型多机方式和异类混合多机方式两类,以联网多机的形式提供不同计算类型。

2011 年,美国 AMD 公司通过 CPU 和 GPU 的异构计算实现了视频稳定技术,为各自分配最合适的工作。比如抖动查找是通过 CPU 的智能处理协同 GPU 的并行处理和多媒体指令共同完成的,统计部分由 CPU 负责,而前期的视频解码和后期的抖动处理与修正则使用 GPU 进行处理。

异构计算除了常用的 CPU 和 GPU 之外,还会加入 ASIC 或 FPGA
等来执行高度专用的处理任务,并且通过并行处理机制来实现计算性能
的大幅提升。采用异构计算的架构能够对移动和物联网边缘设备进行加
速,且可以突破语音、手势和图像识别、触觉、图形加速和信号聚合等诸多
任务的计算瓶颈。异构计算的应用范围非常广泛,包括智能手机、可穿戴
设备、无人机、高端相机、人机界面、工业自动化平台以及安全与监控产
品等。

3.2.1.2 芯片与计算单元异构

发展通用人工智能的方法主要有两种:计算机科学导向和神经科学
导向。前者运用机器学习算法模型,后者运用模拟人类大脑的模型。它
们的公式和编码方案存在根本差异,导致这两种方法依赖于不同的且不
兼容的平台,阻碍通用人工智能的发展。集成这两种方法以提供一个混
合协同的平台,是硅基芯片与其他计算单元异构集成的一个关键技术
问题。

2019 年 8 月,《自然》期刊报道了清华大学施路平教授团队在异构
集成芯片领域的研究成果[32]。他们将传统的硅基计算芯片和类脑计
算结合,提出了一款名为"天机"的全新芯片架构。"天机"芯片包含约
4 万个神经元和 1000 万个突触,采用 28nm 工艺制程。论文展示了一
辆由"天机"芯片驱动的自动驾驶自行车,该自行车可执行实时物体检
测、跟踪、语音命令识别、骑行减速等功能,还可实现避障过障、平衡控
制和自主决策。其中,部分功能运用了模拟大脑的模型,而其他功能则
采用了机器学习算法模型。

3.2.1.3 计算和存储单元异构

由于内存的读取速度远远跟不上 CPU 的计算速度,因此现代 CPU
芯片通常采用缓存来处理这个问题。这种方式采用了指令集(预取指令)
等额外的复杂形式,成为现今提升计算速度的瓶颈。为了解决上述问题,
近些年来出现了一种新型存算一体架构。其核心思想是将全部的计算移
到存储中,将计算单元和存储单元集成在同一个芯片,在存储单元内完成

运算,让存储单元具有计算能力。这种架构通过改变传统系统中存储与计算的交互方式,能够减少甚至避免数据在处理器与存储器之间频繁搬运。这种极度近邻的方式完全消除了数据移动的延迟和功耗,彻底解决了存储与计算的速度问题。

2020年,清华大学发布了一款基于忆阻器的卷积神经网络(convolutional neural network,CNN)存算一体系统[33]。该系统支持卷积网络推断及部分训练,使用了8个处理单元,每个处理单元包含一个128×16的忆阻器阵列。忆阻器采用的是1T1R类型,将ARM作为该系统的处理器,并且附带了一些其余的功能模块。其中,卷积神经网络中的向量矩阵计算都是通过忆阻器阵列完成的,激活、池化函数则通过ARM部分协助完成。

3.2.1.4 计算和感知单元异构

智能计算系统能够对外界环境信息进行实时获取、高效处理和及时决策。发展感算一体的低功耗智能信息处理系统是其重要趋势。感算一体可以通过多条技术路径实现,包括基于忆阻器的感算一体芯片,参考类脑感知原理的神经网络系统等。脉冲神经网络作为下一代神经形态计算技术,是构建高效能存算一体数据处理中心的理想选择。为实现脉冲机制的感存算一体智能处理系统,需要构建高效的感知信息接口,建立脉冲数据处理中心与传感器之间的实时联系。

为了解决传感器和处理单元之间的大量数据传输所导致的延迟和功耗急剧提升的问题,研究人员提出将感知任务和计算任务兼并到传感器上,对采集到的信息直接进行运算和处理,最终只输出需要的计算结果,从而实现一个短时延和高效率的感算一体化系统。2020年3月《自然》期刊发表的"Ultrafast machine vision with 2D material neural network image sensors"(《具有二维材料神经网络图像传感器的超快机器视觉》)一文中提出,利用二维材料构建神经网络光电图像传感器阵列,其无须将光学图像转化为数字信息格式,便能够同时实现光信号的采集和处理[34]。该传感器阵列可以实现纳秒级别的实时图像采集运算,并拥有每秒百万量级的信息处理能力,为超快光谱分析和超快机器视觉成像的实现提供了一个新的思路。

3.2.2 智能计算协同形态

智能计算的协同形态可以分为端-边-云协同、广域协同和人-机-物协同(图 3-10)。

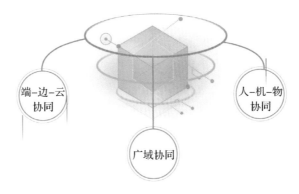

图 3-10 智能计算的协同形态

3.2.2.1 端-边-云协同

端-边-云协同计算是在云端协同的基础上发展起来的创新架构,是终端、边缘和云等多个计算节点通过网络互联而构成的松耦合分布式协同架构。端侧进行部分实时数据处理和计算,节省数据的网络传输时间和云边上的计算资源,具备实时性高、节省资源、安全隐私性好等优点。边缘侧在靠近物或数据源头的一侧,采用网络、计算、存储、应用核心能力为一体的开放平台,就近提供服务。云侧利用中心集群强大的计算能力,实现大规模、高复杂度的计算。端-边-云协同的智能计算形态,通过端-端、端-边以及端-边-云等协同方式来高效完成从端侧感知的任务,在车路协同等领域有广阔的应用前景。

在国外,以微软、亚马逊、思科为代表的网络公司在边缘计算方面做了大量前瞻性研究和示范性应用。亚马逊的 Lambda @ Edge[35]、微软的 Azure IoT Edge[36]等边缘计算服务已经产品化,可以支持物联网等边缘

设备的数据计算和建模,以及边缘和云端的联合计算。2016 年 11 月 30
日,由华为技术有限公司、中国科学院、中国信息通信研究院、英特尔公司
等机构联合倡议发起的边缘计算产业联盟发布《边缘计算参考架构2.0》,
提出构建模型驱动的智能分布式开放架构,重点阐释了边缘计算的概念、
特点和价值。华为云、阿里云、腾讯云等国内领先的云计算公司,也陆续
推出了面向智能制造、智慧城市等不同应用场景的端-边-云计算产品和
解决方案。

3.2.2.2　广域协同

广域协同主要针对多样化、复杂的计算任务需求,研究以低成本的方
式连接协同高性能计算、云计算、边缘计算和端计算等广域分布计算资
源,实现特定时空下更强算力的随处可得。数字经济时代的数据具有地
域分布广、场景覆盖全、叠加价值大等特性,从时间维度长周期实时采集、
感知、处理和智能解析上述数据,需要随处可得的分布并行算力、算法支
持,这为广域协同计算提供了良好的发展机遇。广域协同计算以支撑万
物互联的智能计算场景为牵引,以自主对等的方式支持云计算、高性能计
算、边缘计算和端计算等资源纵横汇聚,围绕多源异构的计算、数据资源
的互操作模型以及协作机理两个重要问题,突破资源和任务的智能匹配、
资源跨域调度、协同的模型机理、机制方法及关键技术,构建安全可信的
智能计算新基建。

3.2.2.3　人-机-物协同

人-机-物协同计算是指在人-机-物三元空间的交互计算,通过促进
人、机、物异质要素高效协同与融合,实现计算服务泛在化和普惠化。人-
机-物协同计算架构利用自主学习及高效协同的创新技术,能够对人、机、
物三种元素之间的连接和交互关系进行建模,旨在以创新的协同模式提
高任务的执行效率。

随着生活水平的不断提升以及网络技术的不断发展,人们普遍希望
可以借由网络的力量使自己的生活更加便捷。基于此,物联网领域逐步
成为热门的研究方向。然而,仅仅把"物""联网"是远远不够的。其核心

在于,如何充分利用人与物在交互过程中产生的数据,使得"物"更加智能。而人-机-物协同计算,正是达到这一目标的技术手段之一。

人-机-物协同计算是人、信息空间和物理世界的三元世界中的重要形态,有效协同与融合人、机、物异质要素,进而构建新型智能计算系统,是服务智能制造、智慧城市、社会治理等国家重大需求的有力支撑。

3.2.3　智能计算任务形态

传统的计算是基于信息空间的图灵计算,由人作为任务发起方,依赖人的预编程,执行确定性的、程序化的操作,计算只在信息空间发生。按照任务发起方的差异,智能计算任务形态可以分为自主计算任务、集群计算任务、边端计算任务和泛在计算任务(图 3-11)。

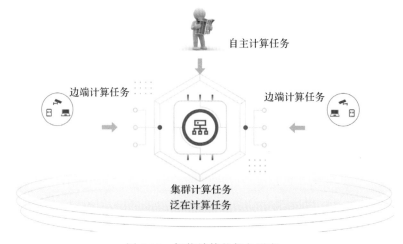

图 3-11　智能计算的任务形态

3.2.3.1　自主计算任务

在智能计算的自主计算任务中,人只需将想要完成的任务目标描述给智能装置,智能计算装置就能自主地实施推理、规划,在无人干预的情况下完成计算和决策,然后自主地实施决策,并且能够感知目标的完成情况,进而自主地调整决策或进行再决策。在制定决策时,智能计算装置可能会遇到新的、不确定的状况,但仍然能通过感知环境、与环境交互、与环境博弈等方式,发现新的规律,进而适应性地调整决策。在适时决策时,智能计算装置能够通过对环境的监测,应对突发状况,从而保证智能装置的安全,并保证人所发起的任务不被中断。

自主计算任务的典型应用包括自动驾驶汽车、服务机器人等。在自动驾驶汽车场景中,人只需将目的地描述给自动驾驶汽车,然后便可将注意力转移到其他事情上。如何到达目的地,在到达目的地的过程中如何规避行人与其他车辆,如何安全驾驶,这些都将由智能计算完成。在服务机器人场景中,人只需向服务机器人描述自己的日常需求,服务机器人即可提供服务。

3.2.3.2 集群计算任务

集群计算任务是以互联网大数据计算、人工智能计算为代表的计算任务。通过大数据计算、人工智能方法实现数据分析,探索其隐藏的模式和规律的智能形态,探索从大数据中提取知识,进而从大数据中获取决策的路径。

集群计算任务通常在数据中心集群上调度和运行,这些集群包括CPU、GPU、TPU等不同类型的集群。现有的大数据任务调度系统一般基于工作流管理任务,通过设置任务之间的依赖关系,构建任务的有向无环图模型,以完成对大数据任务的调度管理。目前已经出现了大量的云服务公司,提供容器化、可扩展的服务来支撑各种类型的中心集群计算任务。其中,基础设施即服务(infrastructure as a service,IaaS)在国内云服务市场中的占比约为60%,支撑了目前最重要的平台即服务(platform as a service,PaaS)容器云技术。未来几年,我国仍将维持以 IaaS 为主的云计算结构,预计市场占比将逐渐上升至70%。

3.2.3.3 边端计算任务

智能计算的边端计算任务,由数据源头的边缘侧计算设备发起,可以通过算法即时反馈决策,并可以过滤绝大部分数据,降低数据传递和云端计算负荷,如此产生的网络服务也会更快。这使得海量连接和海量数据处理成为可能,在实时业务、应用智能、安全与隐私保护等方面应用前景广泛。

　　智能计算的云端和边缘计算能力,非常类似于人类的脑和脊髓所组成的中枢神经系统。人的大脑是高级神经中枢,负责意识、精神、语言、记忆、学习、思维等复杂神经活动,传输路径远,响应速度慢。脊髓是低级神经中枢,它是人脑和躯干的联系通道,可以完成缩手、膝跳等简单的反射活动,反射弧路径短,响应速度快。相应地,智能计算的云端(或中心计算集群)具备海量存储能力及与人脑类似的计算能力,能够处理海量复杂的计算任务,但远离感知和应用边端;智能计算的边端类似于人类的脊髓,智能程度相对较低,无法处理复杂的信息和计算逻辑,但靠近感知和应用边端,响应速度很快。

　　以视频监控场景中的实时人脸识别为例,为了保证系统能够即时反应,用于对照的人脸数据库以及识别算法都在边缘运行。摄像头采集的人脸图像传递到边缘计算机,计算机执行由云端分布的人脸识别算法,并返回识别结果,同时边缘节点承担采集数据并上传到云端的任务。云端的任务主要是利用获得的数据集训练模型,并将迭代后的人脸识别算法下发到各个边缘,提高边缘的识别速度并降低误识别率,同时云端也负责对边缘的控制。

3.2.3.4　泛在计算任务

　　泛在计算,又称普适计算(pervasive computing)[37],并不是一个新的概念。早在 1988 年,被誉为泛在计算之父的马克·维瑟(Mark Weiser)博士就提出了这个概念。泛在计算的目标是建立融合计算和通信能力的环境,同时使这个环境与人们融为一体。人-机-物泛在计算任务,利用物联网、移动互联网、通信、大数据计算、人工智能等技术,使物与物之间、人与物之间实现互联互通,并通过协同仿真、分布计算、跨平台管控等智能处理技术实现人与万物的协同工作,充分发挥人所具有的推理归纳能力,机器严谨的记忆、存储、精准计算能力,计算机集群的计算能力,以及边缘设备的感知和响应能力。在泛在计算环境中,计算和环境融为一体,人们能够在任何时间、任何地点,以任何方式进行信息的获取与处理,这个过程是借助计算设备自动完成的。泛在计算可看作是信息空间与物理空间的融合，这个融合的空间可随时随地、透明地提供数字化服务，它将成为人、环境和万物互联的数字化基础设施。

在泛在计算的任务交互过程中，"计算机"以不同的形式存在，例如微波炉、冰箱、平板电脑、眼镜等。泛在计算构建在许多基础技术之上，包括传感器、微处理器、中间件、操作系统、互联网等。因此，泛在计算涉及许多领域，包括分布式计算、移动计算、人工智能、嵌入式系统以及物联网等多方面技术。

参考文献

[1]OpenAI[EB/OL].[2022-03-23]. https://openai.com.

[2]Floridi L, Chiriatti M. GPT-3: Its nature, scope, limits, and consequences[J]. Minds and Machines,2020,30(4):681-694.

[3]Lepikhin D, Lee H J, Xu Y, et al. Gshard: Scaling giant models with conditional computation and automatic sharding[J]. arXiv preprint arXiv:2006.16668,2020.

[4]Fedus W, Zoph B, Shazeer N. Switch transformers: Scaling to trillion parameter models with simple and efficient sparsity[J]. arXiv preprint arXiv:2101.03961,2021.

[5]Goodfellow I, Bengio Y, Courville A. Deep Learning[M]. Cambridge, MA: MIT Press,2016.

[6]Horn B, Klaus B, Horn P. Robot Vision[M]. Cambridge, MA: MIT Press,1986.

[7]Chai Y. In-sensor computing for machine vision[J]. Nature,2020,579(7797):32-33.

[8]Povey D, Ghoshal A, Boulianne G, et al. The Kaldi speech recognition toolkit[C]// IEEE 2011 Workshop on Automatic Speech Recognition and Understanding. IEEE Signal Processing Society,2011.

[9]Sundaram S, Kellnhofer P, Li Y, et al. Learning the signatures of the human grasp using a scalable tactile glove[J]. Nature,2019,569(7758):698-702.

[10]Imam N, Cleland T A. Rapid online learning and robust recall in a neuromorphic olfactory circuit[J]. Nature Machine Intelligence,2020,2(3):181-191.

[11]Russell S, Norvig P. Artificial Intelligence: A Modern Approach[M]. London: Pearson,2002.

[12]Gibney E. Google AI algorithm masters ancient game of Go[J]. Nature,2016,529

(7587):445-446.

[13]Abadi M，Barham P，Chen J，et al. TensorFlow：A system for large-scale machine learning[C]//12th Symposium on Operating Systems Design and Implementation，2016:265-283.

[14]Liu L，Han J，Xu L，et al. Aligned, high-density semiconducting carbon nanotube arrays for high-performance electronics[J]. Science,2020,368(6493):850-856.

[15]Adleman L M. Molecular computation of solutions to combinatorial problems[J]. Science,1994,266(5187):1021-1024.

[16]Liu H，Wang J，Song S，et al. A DNA-based system for selecting and displaying the combined result of two input variables[J]. Nature Communications,2015,6(1):1-7.

[17]Feldmann J，Youngblood N，Wright C D，et al. All-optical spiking neurosynaptic networks with self-learning capabilities[J]. Nature,2019,569(7755):208-214.

[18]Thubagere A J，Li W，Johnson R F，et al. A cargo-sorting DNA robot[J]. Science,2017,357(6356).

[19]The Nobel Prize[EB/OL]. (2016-10-05)[2022-05-09]. https://www.nobelprize.org/prizes/chemistry/2016/press-release.

[20]Miskin M Z，Cortese A J，Dorsey K，et al. Electronically integrated, mass-manufactured, microscopic robots[J]. Nature,2020,584(7822):557-561.

[21]北京未来芯片技术高精尖创新中心.智能微系统技术白皮书[R].2020.

[22]Kaspar C，Ravoo B J，van der Wiel W G，et al. The rise of intelligent matter[J]. Nature,2021,594(7863):345-355.

[23]Xu X，Tan M，Corcoran B，et al. 11 TOPS photonic convolutional accelerator for optical neural networks[J]. Nature,2021,589(7840):45-51.

[24]Feldmann J，Youngblood N，Karpov M，et al. Parallel convolutional processing using an integrated photonic tensor core[J]. Nature,2021,589(7840):52-58.

[25]DiMaio S，Hanuschik M，Kreaden U. The da Vinci Surgical System[M]//Rosen J，Hannaford B，Satava R M. Surgical Robotics：Systems Applications and Visions. Boston，MA:2011:199-217.

[26]Raibert M，Blankespoor K，Nelson G，et al. Bigdog, the rough-terrain quadruped robot[J]. IFAC Proceedings Volumes,2008,41(2):10822-10825.

[27]Nelson G，Saunders A，Player R. The PETMAN and Atlas Robots at Boston Dynamics[M]//Goswami A，Vadakkepat P. Humanoid Robotics：A Reference.

Dordrecht：Springer,2019：169-186.

[28]Wang J，Beni G. Cellular robotic system with stationary robots and its application to manufacturing lattices[C]//IEEE International Symposium on Intelligent Control. IEEE,1989：132-137.

[29]Shouse B. Getting the behavior of social insects to compute[J]. Science,2002,295(5564)：2357-2357.

[30]李德仁,邵振峰,杨小敏.从数字城市到智慧城市的理论与实践[J].地理空间信息,2011,9(6)：1-5,7.

[31]满青珊,孙亭.新型智慧城市理论研究与实践[J].指挥信息系统与技术,2017,8(3)：6-15.

[32]Pei J，Deng L，Song S，et al. Towards artificial general intelligence with hybrid Tianjic chip architecture[J]. Nature,2019,572(7767)：106-111.

[33]Yao P，Wu H，Gao B，et al. Fully hardware-implemented memristor convolutional neural network[J]. Nature,2020,577(7792)：641-646.

[34]Mennel L，Symonowicz J，Wachter S，et al. Ultrafast machine vision with 2D material neural network image sensors[J]. Nature,2020,579(7797)：62-66.

[35]Koch J，Hao W. An empirical study in edge computing using AWS[C]//2021 IEEE 11th Annual Computing and Communication Workshop and Conference(CCWC). IEEE,2021：542-549.

[36]Ali O，Ishak M K. Bringing intelligence to IoT edge：Machine learning based smart city image classification using Microsoft Azure IoT and Custom Vision[C]//Journal of Physics：Conference Series. Volume 1529. The 2nd Joint International Conference on Emerging Computing Technology and Sports (JICETS). IOP Publishing,2020：042076.

[37]Kurkovsky S. Pervasive computing：Past，present and future[C]//2007 ITI 5th International Conference on Information and Communications Technology. IEEE,2007：65-71.

4　智能计算的创新趋势

前几章已对智能计算领域的源起和发展,类型和形态,以及面临的难题、挑战和发展做了详细阐述。本章将站在更高的行业生态的视角,从智能计算的两种基本范式即面向智能的计算、智能驱动的计算出发,展望智能计算的未来发展图景。具体地,对于面向智能的计算,我们将从新架构、新方法、新融合、新协同、新算法五个层面进行阐述;对于智能驱动的计算,我们将介绍新架构、新模式、新支撑、新机制、新体系。同时,我们将从理论和实现的角度,剖析当前智能计算面临的关键挑战和发展趋势。

4.1　面向智能的计算创新

4.1.1　新架构——提升算力水平

当前,冯·诺依曼计算架构存在着"存储墙"问题,这严重制约了系统计算性能的提升。内存计算成为突破冯·诺依曼体系瓶颈制约、提升整体计算效能的有效举措。目前围绕此方向存在三种发展思路:存内计算、内存驱动计算(memory-driven computing)和存算一体。

(1)存内计算。存内计算是指将计算嵌入至内存,在存储/读取数据的同时完成运算。这大大减少了计算过程中数据存取的耗费。2020 年，《自然》期刊报道了瑞士洛桑联邦理工学院在存内计算领域的研究成果[1]。研究者提出了一种将逻辑计算和数据存储能力整合到一起的方法，并研发了一种基于单层二硫化钼（MoS_2）存储器架构的可重编程逻辑器件。这种方法将两种功能整合到单一芯片结构中，由此构建的新型芯片可以更高效地驱动设备，这对于推动 AI 研究具有重大的意义。在产业界，IBM、三星等各大半导体芯片厂商相继投入存内计算的研究。2021 年，三星正式公布存内处理（processing in memory，PIM）技术。该技术主要用于高性能计算人工智能相关场景，不仅可以将整体计算的性能提升两倍，还可以节省 70% 能耗，标志着存内计算技术正式进入主流。

（2）内存驱动计算。该计算架构改变每个处理器依赖小量内存的模式，把内存放在计算平台的中心位置，多个处理器共享一个内存池。美国惠普公司认为，这种架构可以带来计算机性能和效率的飞跃，把计算机管理、加工和挖掘大数据的能力提升到前所未有的高度。该公司推出的原型机有 40 个节点，共享 160TB 内存资源，采用高速、低功耗的内存互联架构，具有出色的可扩展性和效率。惠普公司预测，基于现有架构，通过累加内存池的方法，可在不久的将来实现百亿亿次级别的单内存计算系统。

（3）存算一体。存算一体旨在把传统以计算为中心的架构转变为以数据为中心的架构，直接利用存储器进行数据处理，从而把数据存储与计算融合在同一个芯片当中。存算一体特别适用于深度学习神经网络这种大数据量大规模并行的应用场景。忆阻器（图 4-1）是存算一体的重要技术方向。忆阻器的全称为记忆电阻器（memristor），是表示磁通与电荷关系的电子元器件，于 1971 年由美国加州大学伯克利分校科学家蔡少棠教授预言[2]。直到 2008 年，惠普实验室发表了基于 TiO_2 的阻变存储器（RRAM）器件的论文，忆阻器才被首次研发创造出来。2021 年，《自然·电子学》（*Nature Electronics*）期刊发表的一项研究[3]显示，忆阻器能像人

图 4-1　忆阻器存算一体 AI 芯片

脑神经元一样,同时计算和存储数据,并以超低功耗有效解决人工智能医疗诊断问题(相对于传统数字 CMOS 器件,能耗降低 5 个数量级)。

4.1.2　新方法——降低计算能耗

随着万物互联时代的到来,数以亿计的终端连接所带来的能耗越来越大,这对计算效能的提升提出了更高的要求。类脑计算、生物计算等新方法,能够有效提升智能计算的效能水平。

(1)类脑计算。神经拟态的类脑计算的基本思路是将生物神经网络的概念应用于计算机系统设计,针对智能信息处理的特定应用来提高性能与降低功耗。基于此,"类脑芯片"概念被提出,多款产品陆续面世。2011 年,IBM 率先在类脑芯片上取得进展,通过模拟人脑大脑结构,研发出两个具有感知、认知功能的硅芯片原型。2014 年,IBM 公司正式推出仿人脑芯片 TrueNorth[4],该芯片可以像人脑一样对各种事物进行关联分析,并分析判断不同的可能性。2015 年,浙江大学研发出国内首款基于硅材料的脉冲神经网络类脑芯片——"达尔文"(Darwin Mouse)芯片。该芯片可从外界接受并累计刺激,并产生脉冲(电信号),进行信息的处理和传递,这与生物神经元之间的信息传递类似(图 4-2)。2017 年,英特尔公司推出 Loihi 芯片,它可以模拟大脑进行工作,并具有自主学习能力。2018 年,英国曼彻斯特大学开发出 Spinnaker 网络架构,基于 ARM 芯片实现了部分脑功能模型,它能够对大脑局部区域功能进行仿真模拟。

图 4-2 "达尔文"芯片嗅觉实验

2019 年,《科学》发表了美国斯坦福大学和桑迪亚国家实验室的研究人员进行的类脑计算工作[5]:构造人造突触,模仿神经元在大脑中的通信方式,实现类脑计算。

(2)生物计算。1994 年,美国南加州大学的伦纳德·阿德曼(Leonard Adleman)演示了一种利用 DNA 解决七点哈密顿路径问题的概念验证方法[6],DNA 计算首次被实现。随后,学术界取得了很多新的研究进展,同时也证明了多种图灵机是可行的。1997 年,计算机学家获原光德(Mitsunori Ogihara)和生物学家安尼麦史·雷(Animesh Ray)提出了一种组合逻辑电路的评价方法,并描绘了实现方法。2004 年 3 月 28 日,以色列魏茨曼科学研究所的研究人员在《自然》期刊上发表文章,提出了一种整合输入输出的 DNA 计算机,其可以实现细胞内的癌症诊断,并释放抗癌药物。

未来,生物计算会朝着技术集成化、智能化、自我修复三个研究方向发展。技术集成化要求生物计算机不仅具备强大的数据处理能力,更重要的是具备运算的效率和信息分析的能力,这也是目前生物技术和信息技术的发展趋势。智能化的最终目标是,人类不必学习前人的经验和知识,只要操作生物计算机即可解决各种问题。智能化的基础是生物计算强大的计算能力,包括生物计算独有的仿生机理在知识学习方面的天然优势。自我修复能力将成为生物计算区别于其他智能计算模型的一项重要优势,即可在一定的范围内实现故障的自我修复。

相信在不远的将来,生物计算将打破传统的冯·诺依曼计算架构、二进制计算基础以及计算机物理性质等限制,从根本上解决大规模集成电路带来的巨大能耗需求问题,为解决人类社会科研问题提供一种高性能、低能耗的新型计算模式。

4.1.3   新融合——实现人在回路

智能计算通过人-机-物融合,能够实现无处不在的复杂计算系统中人与机、人与物的数据融合,有效提取和融合人、机、物三元信息,并提供普适服务。然而,相比于传统复杂系统,人的因素使得此类复杂系统在有效建模和计算方面更加困难。人-机-物协同计算主要表现为两种形态:人在回路和以人为本。如何有效融合和利用人的价值,在提取并利用人的特征和能力的同时,也能做到以人为本的计算和服务,是一个巨大的挑战。

数据是计算的基础原料,数据质量在实现人-机-物协同计算的过程中扮演着极其重要的角色。一方面,大规模地从物联网、数字孪生场景中采集到的传感器数据本身就存在质量低、差异大的问题;另一方面,人作为系统的重要组成部分,会参与数据生产和处理的过程,低质量的数据来源会严重影响人在系统中的参与效果。

未来人-机-物协同计算场景的一个重要特征是大数据。然而,正如美国作者纳特·西尔弗(Nate Silver)在《信号与噪声:为什么大多数的预测都是错误的》一书中提出的质疑——数据越多,就离真相越近吗?大数据并不意味着高质量。如何在海量异构数据中提取信息和知识,区分信号和噪声,是一个重大的挑战。如果一味地使用某些固定的方法模型去分析数据,则不仅无法保障数据可靠性,而且无法对真实情况及未来趋势做出合理的判断。

智能计算通过创新的人-机-物协同方法,能够解决复杂非确定性系统中的数据融合问题,丰富数据来源,提升数据质量,优化数据建模方法。

4.1.4　新协同——赋予算法人类智慧

　　人-机-物协同计算的核心内涵和终极挑战是复杂非确定性系统中的数据融合,其关键在于无处不在的复杂计算系统中人与机、人与物的融合,以及如何有效提取和融合人、机、物三元信息,并提供普适服务。人-机-物协同的创新形态包括脑机协同、人在回路等。

　　脑机协同是指通过在人脑神经与外部设备(比如计算机、机器人等)之间建立直接连接通路,实现神经系统和外部设备间信息交互与功能整合的技术。2006 年,美国布朗大学的研究人员利用植入式的犹他电极证明了侵入式脑机接口技术可以用来控制电脑鼠标[7]。2012 年,该团队又证实了侵入式脑机接口技术可以进行更复杂的操作[8]。在其研究中,一名瘫痪病人可以利用植入式芯片对机械手臂进行操控,例如喝水、吃巧克力等。

　　2013 年,美国匹兹堡大学的研究证明,侵入式脑机接口技术不仅可以控制机械手臂,还可以操控机械手臂做出多种不同的手部动作,从而满足脑机接口用户在日常生活中对手部抓取功能的需要[9]。2021 年,《科学》报道了匹兹堡大学对脑机接口的进一步研究成果[10]。研究人员开发了一套机器人假肢系统,包含机器人假肢、触觉反馈、运动皮层植入物和触觉反馈脑机接口,其中,触觉反馈脑机接口被植入用户的大脑体感皮层,可以控制假肢完成相关运动(图 4-3)。

4.1.5　新算法——提升认知推理能力

　　随着人工智能在感知方面取得越来越多的重要成果,未来人工智能的发展将会经历一个从感知到认知的逐步发展的过程,而算法是这个过程中最重要、最具代表性的内容。创新的算法模型可以有效提升算法模型的智能水平,如因果推断、图计算等。

　　图灵奖得主朱迪亚·珀尔(Judea Pearl)在《为什么:因果关系的新科学》(*The Book of Why:The New Science of Cause and Effect*)一书[11]中提到,因果关系是因果推理模型中最重要的部分,可以分为关联、干预

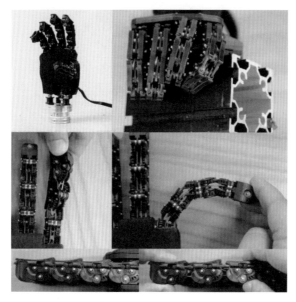

图 4-3　匹兹堡大学开发的机器人假肢系统

和反事实推理三个层次。关联旨在通过基于数据的观察找出变量之间的关联性;干预是分析某个事件的发生是否会导致其他事件的改变;而反事实推理则是研究在预先想要让某事件发生改变的情况下,是否可以通过改变另一事件来达到这个目的。2021 年,鉴于其在因果推断领域的贡献,美国加州大学伯克利分校的戴维·卡德(David Card)、麻省理工学院的乔舒亚·安格里斯特(Joshua Angrist)和斯坦福大学的吉多·因本斯(Guido Imbens),共同获得诺贝尔经济学奖。

2016 年,《科学》期刊的一篇封面论文"Human-level concept learning through probabilistic program induction"(《通过概率规划归纳的人类水平概念学习》)报道了因果人工智能领域的一项突破性进展[12]。该论文提出了人工智能的三个通用核心原则:组合性(compositionality)、因果性(causality)和学会学习(learning to learn)(图 4-4)。基于上述原则构建的创新人工智能系统,对于首次见到的字符体系(例如藏文),可以学习内在规律并创造相似字符。该系统通过了图灵测试。

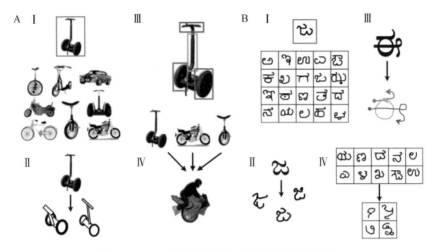

图 4-4 人工智能的组合性、因果性和学会学习

2020 年,英国伦敦大学学院和英国巴比伦健康公司的研究人员在因果人工智能方面的研究成果[13]被刊登在《自然·通讯》上。与传统的人工智能系统不同,因果人工智能的判断方式更接近医生诊断病症的方式:通过使用反事实问题缩小可能出现的疾病范围。这种人工智能系统可以帮助医生进行诊断,在复杂病症上的效果尤其明显。

4.2 智能驱动的计算创新

4.2.1 新架构——提供普惠泛在计算服务

传统集群中心化的计算架构,无法及时地为边缘的终端节点和用户提供高效的服务,限制了要求高实时的边缘计算等场景的广泛应用。新架构能够融合端-边-云、IoT 等不同计算单元,实现泛在普适的计算服务。智能计算在架构体系上采用存算一体、异构集成、广域协同等新型计算架构,通过高效的资源调度,提供普惠泛在的计算能力,通过可信计算安全体系,保障计算过程的私密性、完整性、真实性和可靠性,提升智能计算系统的算力和效能水平,支撑人-机-物三元融合的智能计算。

资源的智能适配是指根据输入任务的不同,统筹规划调度智能计算系统的硬件资源。智能计算可以综合利用系统原有的软硬件资源,根据不同的应用需求,灵活地调整系统的结构和功能。同时,智能计算系统的强智能可以根据任务的不同适配相应的软硬件资源,使得智能计算系统像电一样普惠泛在、随需接入。

4.2.2 新模式——实现任务自动化求解

目前,几乎所有的智能计算系统都需要先对任务进行人工形式化建模,将其转化为一类特定的计算问题(如搜索、自动推理、机器学习等),然后再进行处理,无法实现任务的自动化求解。纵观人工智能的研究史,人类在研制通用问题求解系统方面做了不懈的努力,但求解问题时,仍需要由人将问题归纳为一系列合式公式或霍恩子句。人脑能够通过同一个信息处理系统实现自动感知、问题分析与求解、决策控制等。因此,未来人工智能系统想要达到通用智能的水平,需要解决的核心问题之一便是问题的自动形式化建模。

对于智能计算中的系统性优化难题,我们通常会对复杂问题做简单化处理,或者将一个整体问题分解为多个容易求解的刻面分别求解,然后再对结果进行融合。目前智能计算求解系统采用的求解方法是最小化一个目标函数,但当问题的不确定性比较高时,系统无法捕捉到这些不确定性。这些不确定性会带来无法预测的影响,进而产生复杂系统的涌现机制,但目前在解决这个问题上我们仍缺乏有效的方法和手段。例如,在社会计算的问题中,我们要分析和建模的对象主要是由人组成的群体,通过解析人和环境的交互作用,解释族群演化、文化传播等宏观现象的发生机理;然而,在这一复杂巨系统运行过程中,我们很难捕捉到对宏观系统产生扰动的所有微观因素,且很多重要的社会过程也无法简单地被拆解为多个独立子系统。

4.2.3　新支撑——保障计算安全可信

作为引领数据智能时代最具战略性的技术,智能计算给社会建设和经济发展带来了重大而深远的影响,但数据隐私、算法偏见、技术滥用等安全问题给社会公共治理与产业智能化转型带来了严峻的挑战。保护战略性数据资产(如知识产权、国家安全和个人隐私)并确保数据完整性,对未来计算的成功实施至关重要。

一系列数据安全和信息保护的法律法规陆续出现。2021年9月,《数据安全法》正式实施,要求规范数据收集、存储、使用流程,建立健全数据安全管理制度,建立数据安全治理体系,提高数据安全保障能力。2021年11月,《个人信息保护法》正式实施,其中规定自然人的个人信息受法律保护,任何组织、个人不得侵害自然人的个人信息权益。

信息时代的快速发展催生了许多成熟可靠的安全技术,如区块链、隐私计算等技术。基于区块链技术可以建立一种新的信任体系,它具有隐私性、账本共享、智能合约等特点,因此区块链技术在数据确权、共享、溯源等领域有着广泛的应用。隐私计算技术可以在满足数据安全法律规定的前提下,有效发掘数据潜在价值:在数据不出域的情况下实现数据共享分析和建模,解决数据分散隔离、缺乏特征和标签数据等实际问题,提升建模质量和业务效果。

4.2.4　新机制——保障计算实时可靠

智能计算任务可分为离线批量计算和在线流式计算,以及两种模式的融合。当前,受体系架构和端侧算力的影响,计算系统的响应速度和计算效率还有待提升。研究智能计算的新机制,对于保障各类不同任务的实时数据流具备较高的处理计算能力,实现大数据量、低延迟、支撑复杂计算逻辑的在线流式计算,具有深远的意义。

传统的分布式大数据实时计算一般针对海量连续的数据,其主要特点在于实时处理、低延迟、无界(数据无终止产生和计算处理)和连续(计算持续进行,计算完成后抛弃部分数据)。随着大数据计算的兴起,Storm、Spark Streaming、Flink 等实时计算框架应运而生,而 Kafka、ES 的兴起则使得分布式大数据实时计算领域的技术越来越完善。

随着智能计算的进一步发展,云端融合和人-机-物协同计算逐渐兴起,这对实时计算提出了更高的要求。研究者需要综合考量硬件、软件、方法、算法模型等多个方面并进行系统优化,尤其针对计算场景极其复杂的强人工智能和异构多源大数据融合领域时更需要考量。因此,我们需要从底层的资源管理、虚拟化、任务调度,以及基础算法设计到上层的模型并行化等方面展开研究,全面提升智能计算的实时性。

4.2.5 新体系——实现系统自主进化

当前,计算系统软硬件架构固定,自学习和演进能力还有待提升,无法满足多元化的环境需求,难以高效完成不同类型的任务。智能计算的主要特点之一就是运算过程的智能化和自动化。在智能算法的控制下,计算机借由本身具有的存储记忆能力、逻辑判断能力和算法学习能力,能够实现连续、自动和智能化工作模式,消除人工干预带来的人力开销,尤其当面对大规模复杂系统应用时,能够做到智能化按需分配和自动化服务。无论是发布给用户的定制化服务,还是支持其他服务的底层平台系统,能否具备自动化技术能力都尤为重要。这样的自动化技术能力主要体现在自动化的资源管理与调度、自动化的服务创建与提供,以及对任务生命周期的自动化管理等方面。高度自动化是智能计算的最大挑战之一,不仅对智能计算使用的友好性、可用性具有决定性意义,而且对服务性能也具有关键性影响。

在大数据时代,繁杂多元的数据信息、分散的计算资源与精准的计算服务需求、高效的计算服务效率之间存在着一条看不见的鸿沟。计算任务及其子任务所呈现的大规模分布式状态导致资源难以整合,因此计算服务的针对性和智能性还存在很多欠缺,从而产生不同程度的供需失衡。在智能计算时代,综合利用云计算、大数据和智能计算等技术,通过端-边-

云协同泛在网络,实现实时在线获取、智能化菜单式服务,打破传统计算模式中的单一化供给的束缚,寻求以智能化为核心的差异化、个性定制化的公共计算服务系统,使计算服务更具"锚向性",从而解决计算任务快速处理与计算资源及时匹配等技术上的难点,使计算服务真正走向智能化,增强计算服务"匹配性"。正因为有"锚向性"和"匹配性"作为支撑,从数据中挖掘并定制精准化计算服务将有可能变为现实。

4.3 智能计算理论方法的挑战和发展趋势

4.3.1 智能计算理论方法的挑战

现今,智能计算就像是一个百宝箱,涵盖了几乎所有有助于提升机器智能水平和计算能力的工具、模型、理论、架构、方法。从图灵机诞生以来,人类快速地在计算机领域这棵科技树幼苗上攀爬,科学家们取得了一次又一次的革命性进步。从计算理论到软件工程,从编程语言到智能算法,从硬件设计到系统模型,人类摘取了许多复杂的与智能计算相关的科技果实,例如复制人类记忆、视觉、语言、推理、运动技能和其他与智能生命相关的能力。然而,随着社会信息化水平的提高,大数据、大装置、大系统、大场景等新问题层出不穷,人类对于智能计算的研究将不会止步于一个囊括万物的"工具箱",学术界、产业界更希望它成为一个"炼丹炉",从而打破不同技术之间的壁垒,吸收各个领域思想的精华,提炼更先进的科学范式,产生比肩人类的智慧水平,获得用之不竭的计算能力。

要想实现智能计算理论与技术的飞跃,需要战胜理论方法、技术方案、系统架构等各方面的挑战。

4.3.1.1 计算机的类人智能立论基础

人工智能是人类利用计算机的组成结构,模拟人类智慧能力实现超越机器计算能力的一类研究方向的总称,也是目前智能计算最主要的方式方法之一。在 1956 年美国达特茅斯会议上，科学家们提出了"模拟、延伸、扩展人类智能"以及"制造智能机器的科学与工程"的基本定义和长远目标(图 4-5)。这是人工智能学科创立之初。

| 约翰·麦卡锡 | 马文·明斯基 | 克劳德·香农 | 雷·所罗门诺夫 | 艾伦·纽厄尔 |
| John McCarthy | Marvin Minsky | Claude Shannon | Ray Solomonoff | Alan Newell |

| 赫伯特·西蒙 | 亚瑟·塞缪尔 | 奥利弗·塞尔弗里奇 | 纳撒尼尔·罗切斯特 | 特伦查德·莫尔 |
| Herbert Simon | Arthur Samuel | Oliver Selfridge | Nathaniel Rochester | Trenchard More |

图 4-5　1956 年参加达特茅斯会议的科学家们

人工智能按智能程度，可以分为弱人工智能、强人工智能和超人工智能。弱人工智能在单个计算任务中具有接近人类智能的特点，却不具备逻辑推理和解决问题的能力。强人工智能则能够在广泛的领域中执行各类通用任务，具备与人类相同的逻辑推理、认知学习和解决问题的能力。在知名人工智能思想家尼克·博斯特罗姆(Nick Bostrom)给出的定义中，超人工智能被描述为"在几乎所有领域都比最聪明的人类大脑要聪明很多，包括科学创新、通识和社交技能"，这在当下看来还是一个遥不可及的幻想。如果把计算机智慧能力的终极目标定为像人类和动物一样"会思考的机器"，那么我们不禁要问：究竟什么是计算机的"类人智能"？若对于"类人智能"我们不能给出一个准确的概念边界，那么就更无从定义可量化、可计算、可验证的理论框架。因此，确立计算机类人智能的理论基础，是智能计算这座高楼最底层的"地基"。随后所有计算方法、框架、模型都将在这个立论基础上构筑。如果基础不够坚实，那么上层的范式、技术设计得再精妙，也只不过是一座空中楼阁。

因此，对于计算机的类人智能立论基础，我们首先要做的是破题：如何辩证地建立通用性等价于强人工智能的观点。智能计算下一步的方向一定不是分别发展通用性和智能化水平，在两条平行的道路上各自前进，而是通过深入探索计算机类人智能的基本元素及其相互作用机理，发展出一套"大统一"的类人智能理论体系。要建立机器类人智能的立论基础，同建立过的所有科学理论一样，绕不开的是以下几个问题。

（1）标准定义问题。元智能是不是类人智能的最细划分粒度？不同的元智能之间如何用公理化的方式来表示和区分？

（2）测量问题。类人智能的智慧程度如何度量？能否定量地做数值计算？对于其表现出来的智能，有哪些标准化的工具来准确地测量出智能水平的高低？

（3）互作用问题。不同的元智能之间如何互作用、互操作？是否存在元智能的叠加增强效应？

（4）可判定性问题。类人智能的可判定性如何解决？如何用公理化过程对机器的行为进行智能的判定？

（5）完备性问题。元智能的公理完备性如何证明？元智能的理论空间是不是封闭的？

4.3.1.2　非数值化的计算方法迎来理论突破

就记忆力和运算能力来说，人类与计算机之间存在巨大的差距，但是人类具有从现象提取抽象概念的能力，这是人类与计算机的本质差别。如果我们给计算机一些基本的知识，那么它能否自己做归纳、实验，乃至于重现人类目前的知识体系，甚至发现新的知识？这是一直以来我们对机器智能最深刻的灵魂拷问。然而，从目前的计算理论来看，人类还没有找到这一点的可行方向。

人类获得知识的方式主要有两种：逻辑演绎和归纳总结。为了让计算机能像人类那样获取知识,科学家们采用了两种类似的方法,即以专家系统为代表的符号主义和以深度神经网络为代表的连接主义。这两种方法一定程度上有助于获得智能计算问题的良好结果,但其内核仍然离不开人工预设的物理符号系统、神经网络模型、行为规则集合等人类先验知识的定制化输入。从方法的本质来讲,不是机器产出了新的知识,而是机器按照人类预设的心智执行了一系列数值化计算操作之后,得到了确定性的数值化结果。也就是说,机器只是一个执行者,其获得的知识(或者能推导、计算出知识的策略和逻辑)仍然是由人指定的。

人类如果想要计算机具有归纳总结出抽象概念的能力,想要智能计算达到更高级别的智慧程度,则需要打破计算方法对机器创造知识的封锁,突破现有的数值计算,探索非数值计算的新范式,在计算理论方面进一步突破,跳出现有的数值计算的条条框框,探索用非数值计算方法创造知识的范式。我们可以利用非数值计算的方法,抽象数据之间的相互关系,实现从低层次的感知到高层次的逻辑推理的转变;在智能计算中引入随机性和模糊性,使得机器能够具备像人脑一样对不确定性信息和知识的表示、处理和思维能力,突破数值计算确定性的局限;将智能计算与心理学、认知科学和神经科学结合,借鉴人类的学习机制,从神经科学、生物科学、人文科学等更广泛的领域获取灵感,引入情感偏好。

4.3.2　数学研究为智能计算提供理论基础

2019 年,在由联合国教科文组织和中国工程院联合主办的以"大数据与知识服务"为主题的研讨会上,徐宗本院士指出,人工智能的基石是数学,没有数学基础科学的支持,人工智能很难行稳致远。数学方法与人工智能方法在处理问题的方法论上存在着本质上的一致性。目前人工智能所面临的一些基础问题,本质上是来自数学的挑战。

无论是数值计算还是符号推导,它们在本质上是等价的,即两者是密切关联的,可以相互转化,具有共同的计算本质。事实上,直到 20 世纪30 年代,在哥德尔、丘奇、图灵等数学家工作的基础上,人们才明白了什么是计算的本质,以及什么是可计算的、什么是不可计算的。如果我们把各种各样的信息数字化,则处理各种数字化信息的过程实际上就是转化成计算的过程,由此,"计算"这个数学概念上升成为一种普适的科学概念和哲学概念,泛化到人类的整个知识领域,成为人们认识事物、研究问题的一种新视角、新观念和新方法。

2019 年,《自然》期刊上刊登了两篇关于人工智能机器学习新发现的文章,一篇是题为"可学习性可能是不可判定的"的科研成果论文[14],另一篇是题为"机器学习的不可证明性"的评论文章[15]。数学家们发现,无法证明机器学习算法是否可以解决特定的问题,这一发现可能对目前既定的以及未来的学习模型算法产生影响。

4.3.3 物理学理论助力人工智能解释性研究

以深度神经网络为代表的人工智能算法在结构化数据、图像、语音、自然语言处理等众多领域表现出非常好的非线性拟合和刻画能力,并在实践中表现出较好的泛化效果。其本质在于,这些算法模型能够较稳定地提取特征,实现从低层次特征到高层次特征的抽象,从中有效提取与建模目标相关的有效表征。当前的深度神经网络通常为黑盒模型,人们希望发展出机理明确、可解释的人工智能方法。而物理学中重整化、信息论等理论和概念,能够为人工智能算法的解释性研究提供方法和路径。

2018 年,《自然·物理》(*Nature Physics*)上发表的论文"Mutual information, neural networks and the renormalization group"(《互信息、神经网络和重整化群》)[16]探讨了深度学习与物理学中重整化的关系。重整化是物理学中非常重要的概念和方法,被用于研究统计物理的临界现象和量子场论中的发散问题。重整化群揭示了不同标度下物理系统性质的变化过程,为微观粒子在量子尺度的行为和物质的宏观特性之间架起了桥梁。相应地,在深度神经网络中,较高层的特征是低层特征的组合,而随着神经网络从低层到高层发展,其提取的特征也越来越抽象,越来越涉及整体的表征。上述论文揭示,深度学习的信息抽象过程和重整化理论非常契合。

人工智能算法也和信息论高度相关。以色列希伯来大学纳夫塔利·泰斯比(Naftali Tishby)教授等人提出了一种叫作"信息瓶颈"的理论[17],用以解释深度神经网络的学习过程。该理论讲到,深度神经网络在学习过程中像把信息从瓶颈中挤压出去一般,去除噪声,只保留与任务目标最相关的特征。当前,物理学、信息科学等不同学科领域的科学家正在利用基础科学的概念和思想,对深度学习模型进行解释,启发出新的人工智能方法。

4.3.4　生物学研究成果启发智能计算新思路

人工智能和智能计算的发展得益于生物学研究。生物启发智能这条演进路径的内涵非常丰富:从算法设计思路源头来看,启发源至少包括生物演化进程、生物个体不同发育阶段的特点、生物脑功能和结构(宏观、介观和微观)、生物个体智能行为的外显特性、生物群体智能行为特性等;而从可启发的维度来看,至少包括架构、功能、结构和行为等不同的角度或层次。类脑智能、直觉学习(intuitive learning)、群体学习(swarm learning)等生物学学术观点及其相应的技术路线受到越来越广泛的关注,必将在未来拥有更为广泛的前景。

人类在婴幼儿时期尚不具备语言能力或语言能力还很弱,且尚未建立符号和逻辑推理系统,但这个阶段的学习非常重要。婴幼儿能通过看、听、触等感觉系统以及动作系统与周围环境及他人交互,并在此过程中完成学习,这类学习称为直觉学习。在直觉学习过程中,婴幼儿的神经细胞数量增加,神经细胞之间的连接数量快速增加,学习过程具有典型的无监督、非符号的特点,有别于离散符号化的知识系统中的知识表示,类似于连续空间中的向量知识表示。直觉学习对于智能计算进行自监督/自训练、非符号、多模态协同的直觉和常识学习具有极其重要的参考价值。

群体智能领域的思想和概念,也在持续为智能计算提供新的启发。2021 年,《自然》期刊的一篇封面文章"Swarm learning for decentralized and confidential clinical machine learning"(《用于分散和机密临床机器学习的群体学习》)[18] 报道了群体学习的最新进展(图 4-6)。文章作者提出了一种去中心化的机器学习方法——群体学习,将边缘计算和基于区块链的对等网络(peer to peer networking)结合起来,用于不同医疗机构之间医疗数据的联合分析及建模,将大型医疗数据保存在数据所有者的本地,不需要交换原始数据,从而减少了数据流量,提升了隐私安全性。

图 4-6 《自然》期刊关于群体智能的封面文章

4.4 智能计算体系架构的挑战和发展趋势

4.4.1 智能计算体系架构的挑战

自从 1946 年 ENIAC 研制成功以来,电子计算机的发展过程经历了几代的变化。从电子管到晶体管再到集成电路的大规模制造,计算机在冯·诺依曼架构下发展了几十年,在性能上遵循摩尔定律,在能耗和散热上遵循登纳德缩放定律(图 4-7)。其中,登纳德缩放定律是指随着晶体管密度的增加,每个晶体管的能耗将降低,因此芯片上每平方毫米的能耗几乎保持恒定。该定律表明,并行的增加并不会降低芯片的效能。但随着时间的推移,登纳德缩放定律从 2007 年开始大幅放缓,到 2012 年左右接近失效,这意味着传统的架构方法对芯片性能的改进收效甚微,无法满足智能计算的进步对计算速度和效能的需求。

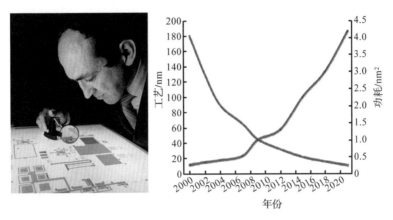

图 4-7 罗伯特·登纳德(Robert Dennard)和登纳德缩放定律

但是,当前摩尔定律和登纳德缩放定律都趋于失效,冯·诺依曼架构计算机面临计算性能和散热的瓶颈。当前的计算机体系架构在硬件和软件方面都存在自身的局限性,面临着重大挑战,主要体现在以下四个方面。

(1)计算体系结构扩展性挑战。在设计同构型的计算体系结构的时候,体系结构设计者面对的是同质性的硬件单元与简单的集成方式,而异构集成计算体系结构的可扩展性和硬件兼容性较弱。对于异构集成计算模型来说,其底层是高性能互联芯片组,其上有高带宽、低延迟、局部化的互联网络架构,上层是支持智能通信模型的融合网络通信协议和存算一体网络机制。这些层次的组成方式、架构方法、通信方案都需要面向新型范式的融合智能计算系统结构作为支撑。要实现大规模异构集成计算的目标,需要深入研究单个异构计算节点内部的计算技术,使各类处理器优势互补;研究基于 CPU 和 GPU 以及多种冯·诺依曼结构的机器学习加速芯片的协同计算系统;研究面向新型架构的芯片器件系统集成方案。

(2)存储架构的性能挑战。存储架构是异构集成系统底层非常重要的一个模块,智能计算的现实需求对异构集成的存储系统提出更高的要求。现有的存储技术在读写性能、可靠性等方面尚不能满足要求,且缺乏对异质的存储介质进行有机整合的机制。为突破当前存储架构的性能瓶颈,需要加强研究面向智能计算的高性能、低延迟和高可靠的存储系统构建技术;研究面向智能计算的多级存储数据管理技术,支持内存、固态硬盘(solid state disk,SSD)、传统盘阵等新型异构多层存储系统;研究面向智能计算的高性能数据服务架构。

(3)软件系统感知和调度挑战。异构集成计算体系的软件系统包含硬件之上的操作系统及相关的系统支撑软件。操作系统存在分层,与底层硬件相关部分抽象为元操作系统,基于元操作系统向上采用柔性构建方式形成不同形态的基础操作系统。理想状态的智能计算的感知和调度软件,需要以顶层的应用需求为驱动力,通过感知应用需求的实时性、动态性与多样性,调度计算资源,适配运行环境,优化加速路径。通过应用感知技术,更好地了解应用的特征和需求,从而综合调度系统内部的计算资源、数据存储资源和网络通信资源,高效完成应用的计算任务,将计算系统的潜力发挥至极致。调度中所必需的其他系统级支撑软件,软件的功能包括自适应柔性资源适配与任务调度,以及编译优化。

(4)计算任务的实时性和运行速度挑战。实时化、高算力是智能计算最基础的服务能力,而很多大型实时应用场景具有数据量大、计算任务复杂等特点。在异构集成的计算系统中,软硬件各个层面的异质异构特征,导致算子耦合、模型调用、网络通信、任务协作的过程往往存在很高的性能损耗。因此,需要从算法、框架、通信、调度等各个方面进行优化加速。应关注的重点研究内容包括智能基础算子库的细粒度优化和自动优化、模拟推演大规模并行方法、融合计算架构优化、集群环境下的多机互联的系统结构以及通信加速技术等前沿问题。

2017 年图灵奖得主约翰·轩尼诗(John Hennessy)和大卫·帕特森(David Patterson)(图 4-8)在《美国计算机学会通讯》(*Communications of the ACM*)期刊上联名发表"A new golden age for computer architecture"

（《计算机架构的新黄金时代》）一文[19]，指出在未来十年，计算机架构领域将迎来下一个黄金时代。要使智能计算获得进一步发展，我们需要研究新的架构方法，以更加高效地利用集成电路的计算能力。计算机体系结构的改进和创新必须与并行算法、并行软件的改进创新同步进行。

图 4-8　约翰·轩尼诗和大卫·帕特森

4.4.2　智能计算系统架构呈现应用领域分化态势

从计算机发展史看，第一代电子管计算机完成了由军用设施到民用设施、从实验室设备到工业生产装备、从科学计算仪器到数据处理终端的转变；第二代晶体管计算机在提升算力减小体积的同时，促成了编译语言、操作系统的出现；第三代集成电路、超大规模集成电路计算机和计算集群，遵循摩尔定律演进路径，加速了个人计算机、高性能计算机、超级计算机以及数据中心的普及与部署。计算技术的革新，以及人工智能、边缘计算等技术的引入，加速了智能计算在工业、交通、政务、金融等国民经济重点行业的融合与渗透。

中心化计算集群将持续扮演重要角色。2000 年之前，中心化计算集群通过通信互联的创新实现了多设备间的信息共享和大量应用之间的互操作。2000 年之后，互联网的发展以及大数据和人工智能的融合创新促进了基于中心化集群的分布式计算的快速发展，Hadoop、Spark 和 Storm 等分布式大数据计算系统、各类分布式人工智能训练及预测算法平台陆续出现,使得实现海量数据的离线或在线计算成为可能。可以预见,此类基于中心计算集群的任务将持续发展。

智能计算向云下沉、边缘计算延展。随着智能网联汽车、超高清视频、智能机器人、智慧城市管理等领域的发展提速,集中式的云计算已难以满足海量数据的处理需求。通过边缘计算节点进行数据初步处理、由云计算中心将算法下发到边缘计算节点、将边缘计算节点作为云计算中心系统的延伸等边缘计算处理方式,能够实时有效地处理海量数据,推动云端数据处理能力下沉,确保资源的弹性和最大化利用(图4-9)。

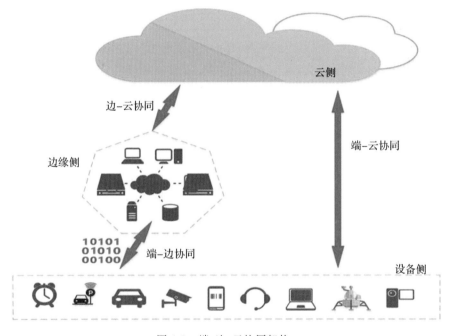

图 4-9　端-边-云协同架构

4.4.3　通用和专用计算技术的融合成为重要方向

计算芯片体系经历了由通用计算芯片到专用计算芯片的发展历程,以 CPU、GPU 等通用计算芯片为核心的传统技术难以满足海量数据处理的要求,各类专用计算芯片应运而生。算力多样化成为趋势,通用化、专业化计算芯片将并行发展。随着智能计算芯片的递进式演进,通用芯片与专用芯片融合已经成为重要的发展趋势。

在通用计算芯片领域,CPU、GPU、FPGA 是三大主流架构。CPU适用于处理复杂性强、重复性低的串行任务;GPU 适用于处理复杂点阵计算,更加适合通用并行处理任务;FPGA 具有更强的灵活性和可重构特性,具有模块化功能特征,可根据客户需求来个性化定制计算架构。当前,CPU、GPU、FPGA 这三种通用计算技术越来越紧密融合。CPU、GPU 芯片厂商和 FPGA 厂商的合作日益紧密。2015 年 6 月,英特尔公司完成了对 Altera 的收购。2022 年 2 月,AMD 公司正式宣布完成了对 Xilinx 的收购,两者将联合推动高性能和自适应计算领域的发展探索。

为了满足飞速发展的智能应用需求,通用计算技术和专用计算技术的融合也成为重要的发展趋势。例如,为了降低计算能耗,CPU 加 ASIC的组合(图 4-10)可能是特定场景非常有优势的技术方案。ASIC 追求极致的效能,在特定计算任务中可以达到 1000TOPS/W 的效能(即每秒瓦进行千万亿次操作),超过通用 CPU 多个数量级,但是 ASIC 只能支持一个特定的算法,通用性极低。通用 CPU 理论上可以完成所有计算任务。为了满足通用性要求,其采用非常繁杂的指令集、流水线、功能部件和缓存器,运算器只占了不到 10% 的芯片面积,因此 CPU 的效能不到0.1TOPS/W,只有 ASIC 芯片的万分之一。两者集成,既可以满足通用性需求,也可以显著降低能耗。

图 4-10　CPU、GPU 和 FPGA

4.4.4 软硬件深度融合提升计算执行效率

智能计算能力和效率取决于芯片硬件,而实际的性能同样也强烈依赖于上层的系统软件。智能计算要在专用计算芯片的基础上进一步强化智能要素,全方位、多层次提高智能系统软硬件架构综合性能,满足飞速发展的智能应用需求,实现软硬件的深度融合和协同优化。

软硬件的协同设计和协调发展是新型硬件环境下数据管理与分析技术发展的必然途径。新硬件技术有其固有的优势和不足,并不能完全取代原有的硬件体系结构和设备,因此,在相当长的时间内,传统硬件与新硬件并存的格局仍将持续。这在提供多样化的硬件选择的同时,将导致系统设计更加复杂,优化技术更加不透明,系统整体性能调优难度增加。

参考文献

[1]Marega G M,Zhao Y,Avsar A,et al. Logic-in-memory based on an atomically thin semiconductor[J]. Nature,2020,587(7832):72-77.

[2]Chua L. Memristor—The missing circuit element[J]. IEEE Transactions on Circuit Theory,1971,18(5):507-519.

[3]Dalgaty T,Castellani N,Turck C,et al. In situ learning using intrinsic memristor variability via Markov chain Monte Carlo sampling[J]. Nature Electronics,2021,4(2):151-161.

[4]Hsu J. IBM's new brain[J]. IEEE Spectrum,2014,51(10):17-19.

[5]Fuller E J,Keene S T,Melianas A,et al. Parallel programming of an ionic floating-gate memory array for scalable neuromorphic computing[J]. Science,2019,364(6440):570-574.

[6]Adleman L M. Molecular computation of solutions to combinatorial problems[J]. Science,1994,266(5187):1021-1024.

[7]Hochberg L R,Serruya M D,Friehs G M,et al. Neuronal ensemble control of prosthetic devices by a human with tetraplegia[J]. Nature,2006,442(7099):164-171.

[8]Hochberg L R,Bacher D,Jarosiewicz B,et al. Reach and grasp by people with tetraplegia using a neurally controlled robotic arm[J]. Nature,2012,485(7398):

372-375.

[9]Wang W，Collinger J L，Degenhart A D，et al. An electrocorticographic brain interface in an individual with tetraplegia[J]. PloS One,2013,8(2):e55344.

[10]Degenhart A D，Bishop W E，Oby E R，et al. Stabilization of a brain-computer interface via the alignment of low-dimensional spaces of neural activity[J]. Nature Biomedical Engineering,2020,4(7):672-685.

[11]Pearl J，Mackenzie D. The Book of Why：The New Science of Cause and Effect[M]. New York：Basic Books,2018.

[12]Lake B M，Salakhutdinov R，Tenenbaum J B. Human-level concept learning through probabilistic program induction[J]. Science,2015,350(6266):1332-1338.

[13]Richens J G，Lee C M，Johri S. Improving the accuracy of medical diagnosis with causal machine learning[J]. Nature Communications,2020,11(1):1-9.

[14]Ben-David S，Hrubes P，Moran S，et al. Learnability can be undecidable[J]. Nature Machine Intelligence,2019,1(1):44-48.

[15]Reyzin L. Unprovability comes to machine learning[J]. Nature,2019,565(7738): 166-167.

[16]Koch-Janusz M，Ringel Z. Mutual information，neural networks and the renormalization group[J]. Nature Physics,2018,14(6):578-582.

[17]Tishby N，Pereira F C，Bialek W. The information bottleneck method[J]. arXiv preprint physics/0004057,2000.

[18]Warnat-Herresthal S，Schultze H，Shastry K L，et al. Swarm learning for decentralized and confidential clinical machine learning[J]. Nature,2021,594(7862):265-270.

[19]Hennessy J L，Patterson D A. A new golden age for computer architecture[J]. Communications of the ACM,2019,62(2):48-60.

5 智能计算的之江行动

自 2017 年 9 月成立以来,之江实验室始终围绕"打造国家战略科技力量"的总体目标和"科技创新和体制创新"两个主体任务,坚定不移做大做实自身,持续提升科技支撑能力和创新引领水平,聚焦战略重点,凝练主攻方向,完善条件建设,统筹科研力量,汇聚优势资源,着力实现前瞻性基础研究、引领性原始创新成果重大突破。之江实验室将智能计算确定为主攻的五大科研方向之一,瞄准智能计算领域的世界科技前沿和国家重大战略需求,以全面、整体的视角展开重点谋划布局,陆续启动了一批具有典型意义的先导项目。

5.1 之江实验室智能计算总体布局

之江实验室围绕智能计算技术面临的计算能力、能量效率、智能水平、安全可信四大挑战和实验室总体目标,以聚焦国际科学技术前沿、创新引领未来计算发展的颠覆性技术、攻克支撑智慧社会重大战略应用的核心技术为总体原则,确定了以推进智能计算研究六大任务为核心的总体架构。之江实验室智能计算总体架构以智能计算理论与方法、智能计算器件与芯片、智能计算标准规范为底座,构建智能计算硬件系统和智能计算软件系统,重点打造智能计算数字反应堆、智能计算领域应用平台、自主智能无人系统等一系列智能计算重大应用(图 5-1)。

图 5-1 之江实验室智能计算总体架构

在智能计算理论与方法方面,之江实验室拟重点研究认知智能[1]、感知计算[2]、可信计算[3]、生物计算[4]等新型计算理论与方法,主要就以下内容开展研究:研究并构建人-机-物三元空间融合的知识推理与知识计算、脑认知机理、常识构建与推断等认知智能的理论和方法;研究并构建多模态感知与数据融合、高性能感知计算、类人感知与信息交互等感知智能的理论和方法;探索新型计算模型和计算理论、方法、模型与范式;研究新型密码学、可信执行环境、可信数据交换等可信计算安全理论与方法;研究突破大规模 DNA[5]并行计算理论和高效存取方法、DNA 分子层面自动寻径和识别关键技术,突破生物编码、生物操作、生物监测等生物计算理论与关键技术。

在智能计算器件与芯片方面,之江实验室重点研究高效能智能感知、新型存储等器件和高性能人工智能、光计算、光互联、类脑计算等核心芯片。①在智能感知器件与芯片方面,突破多通道信号采集、感存算一体化集成、大规模并行传感、三维堆叠与封装等技术,创新高密度智能感知系统架构,研制"感""知"一体的新型高端智能感知器件与芯片。②在类脑计算芯片[6]方面,研制百亿级神经元规模的类脑计算芯片,突破高效能的神经形态计算模型和神经拟态类脑计算芯片整体架构,实现单芯片 100万神经元、1 亿神经突触。

标准化工作在智能计算及其产业发展中起着基础性、支撑性、引领性作用,既是推动产业创新发展的关键抓手,也是产业竞争的制高点[7]。之江实验室前瞻性地开展智能计算标准规范的全面布局,从构建智能计算标准体系、建设智能计算标准国家级创新平台、建设面向产业应用的区域标准化创新载体和建设优质国际标准组织集聚区四大重点任务着手,在智能计算的模型、架构、设备、网络、存储、数据、安全、应用等方面主导构建多层次的国际标准体系,并逐步形成良性可持续发展的技术生态和应用环境。

在智能计算硬件系统方面,之江实验室重点研究光电集成、异构集成、晶圆集成等新架构,研制光计算、类脑计算、异构融合计算、晶圆级计算等智能计算系统,构建关键指标持续国际领先的智能计算机系统,形成技术领先、自主可控的智能计算硬件技术体系。①在异构智能计算系统方面,重点突破高速互联、近存计算、软硬件可重构、存储与 I/O 系统加速、实时分布式调度等架构和技术,集成通用处理器和多种专用加速处理单元。②在晶圆集成异构智能计算系统方面,重点研究片上高速互联技术、晶圆拼装集成工艺,探索光电融合技术与晶圆集成技术的有机融合,突破晶圆级互联、集成、封装、供电、散热等核心技术。

在智能计算软件系统方面,之江实验室重点研发新型编程语言、操作系统、编译器、基础软件、平台软件等,建立技术先进、自主可控的智能计算软件技术体系。①在广域协同智能计算操作系统方面,重点突破端-边-云协同、资源封装与服务、计算数据与算法智能适配、广域计算资源智能调度、计算架构自组织自演化等关键技术,研发端-边-云多域融合的广域协同智能计算操作系统,支持万亿级各类异构设备高速互联、融合和协同,理论峰值算力达 Z 级。②在人工智能开源平台方面,重点研究高效神经网络训练、分布式计算框架、软硬件协同编译优化、模型炼知、一站式开发部署等关键技术。

之江实验室面向科学、社会、经济等国家战略领域的现实需求,建设智能计算数字反应堆,打造智能计算领域应用和自主智能无人系统,全面推动和带动新兴产业发展。①在智能计算领域应用方面,将智能计算能力输出到交通、健康、金融、教育等领域,推动智能计算支撑下的产业创新和变革,进一步激发社会发展活力和提升社会运转效率。②在自主智能无人系统方面,重点突破云端协同的未知场景理解、多维时空信息融合感知、任务理解和决策、多机器人协同等关键技术,研发自主智能系统云脑平台,解决非结构化环境下机器人自主作业与智能决策难题。

5.2 智能计算典型案例

5.2.1 智能计算器件与芯片

5.2.1.1 新型架构芯片

之江实验室与中国科学院微电子研究所联合研究团队在新型架构安全芯片领域,基于物理不可克隆技术(physically unclonable function,

PUF)[8],完成了两款新型硬件安全芯片的设计与验证,芯片相关指标达到国际先进水平。基于 PUF 芯片研究的两篇论文"A novel PUF using stochastic short-term memory time of oxide-based RRAM for embedded applications"(《一种用于嵌入式应用的基于氧化物阻变存储器的随机短时记忆 PUF》)[9] 和 "A machine-learning-resistant 3D PUF with 8-layer stacking vertical RRAM and 0.014% bit error rate using in-cell stabiliza-tion scheme for iot security applications"(《一种用于物联网安全应用的具有 8 层堆叠垂直阻变存储器和 0.014% 误码率的抗机器学习三维 PUF》)[10] 成功入选 2020 年第 66 届国际电子器件大会。

此次取得研究突破的新型硬件安全芯片的研究基础主要是 PUF 的物理不可克隆特性。PUF 就相当于给芯片加上了"指纹"信息,经特殊技术提取后,可作为芯片的唯一标识信息。这个指纹不是烧写进去的,而是与生俱来的,且每一颗芯片都不同,即便是芯片制造商本身也无法做出两块完全一样的芯片。可以把 PUF 理解成硬件密钥,读取芯片数据必须使用这把世界上唯一的密钥。因此,PUF 为不安全环境下的芯片认证和保护设备免受物理攻击提供了一种有效方法。

相较于传统集成电路的 PUF,基于阻变存储器(resistive random access memory,RRAM)[11] 的 PUF 具有功耗低、面积小、可靠性强、随机性好等特点,可以兼容 CMOS 工艺,与芯片设计无缝集成,且随机性不随工艺微缩而改变。基于 RRAM 随机短期记忆时间等特性,之江实验室新型智能计算系统研究团队与中国科学院微电子研究所、复旦大学的研究人员合作,从随机源的物理模型出发,实现了完整的 PUF IP 的设计和验证。芯片测试结果显示其随机性接近理想值。基于对 PUF 产生的 100Mbit 流的测试,该芯片通过了美国国家标准与技术研究院的全部测试项。

针对物联网设备中芯片面积资源和功耗受到严格限制的问题,之江实验室科研团队与中国科学院微电子研究所、复旦大学、工信部电子第五研究所的研究人员合作提出并验证了基于 8 层的三维垂直阻变存储器

(vertical resistive random access memory，VRRAM)[12]的 PUF 芯片,以三维结构实现芯片的更高效面积资源利用(图 5-2)。团队首次设计了面向 RRAM 的单元原位稳定化电路,使 PUF 在 85℃ 条件下误码率小于 0.01％,在 125℃ 下也可稳定工作。该 PUF 芯片的输出比特等效面积达到创纪录的 1F2(超过公开报道的国际最优指标),兼具有抗机器学习攻击的特征,是确保嵌入式应用领域硬件安全的理想解决方案。

图 5-2　基于 8 层的三维垂直阻变存储器的 PUF 芯片

5.2.1.2　800G 超高速光收发芯片

　　800G 超高速光收发芯片与光引擎技术是之江实验室为下一代光通信产业发展储备的先进技术[13]。随着大数据、人工智能、5G 等新兴技术的发展,全球数据中心流量以每年 32％ 的速度飞速增长,数据中心信息传输和处理能力面临前所未有的巨大挑战。

　　光收发芯片是目前数据中心集群光互联的核心关键部件。它犹如一位"翻译",为数据中心中光子与电子之间的信息转换架起桥梁。在研发过程中,科研团队对硅基光电子技术进行了广泛的基础性研究,并在芯片设计和研发方面实现了一系列的技术突破。在大功率多波长激光器、硅基高密度光发射模块、硅基高速光接收模块等芯片模块研发方面取得了突破性进展,在输出功率、光发射调制带宽和光接收响应带宽等技术指标上都达到了业界领先水平。同时,科研团队利用晶圆级封装技术,将这些芯片模块混合集成在同一晶圆上,实现"光电共封",有效提升数据传输密度和效率,降低功耗和成本。为充分发挥 800G 超高速光收发芯片的性能潜力,科研团队还研发了配套的光引擎技术,为芯片实现高速传输提供强劲动力。光引擎包含核心控制软件、数字优化算法、接口硬件支撑和高效热量管理等部分,是 800G 超高速光收发芯片发挥高速率、低功耗等性能优势的幕后功臣。800G 超高速光收发芯片与光引擎技术的问世,为后摩尔时代超级数据中心互联技术的进一步发展开辟了新道路。之江实验室在 2021 年世界互联网领先科技成果发布活动上展示的 800G 超高速光收发芯片与光引擎技术成果如图 5-3 所示。

图 5-3　800G 超高速光收发芯片与光引擎技术

目前,之江实验室已启动 1.6Tbps 下一代光收发芯片和光引擎的预研工作。以此为开端,实验室将形成系列化的超高速光互联和光交换芯片,为下一代超级计算与数据中心提供硬件和技术支撑,加速智能计算和智能网络领域基础设施建设,为计算硬件国产化、计算能力自主可控贡献之江力量。

5.2.2 智能计算硬件系统

5.2.2.1 类脑计算机

之江实验室与浙江大学共同研制了我国首台基于自主知识产权类脑芯片的亿级神经元计算机[14]，这是目前世界上神经元规模最大的类脑计算机，也是我国首台基于自主知识产权类脑芯片的类脑计算机（图5-4）。类脑计算是指用硬件及软件模拟大脑神经网络的结构与运行机制，构造一种全新的人工智能系统[15]。这是一种颠覆传统计算架构的新型计算模式，被视为解决人工智能等领域计算难题的重要路径之一。类脑计算机工作原理类似于生物的神经元行为，信号来时启动，没有信号就不运行，相较于传统计算机能耗更低、效率更高。该类脑计算机已经实现了多种智能任务，例如：将类脑计算机作为智能中枢，实现抗洪抢险场景下多

图 5-4 亿级神经元类脑计算机

个机器人协同工作;模拟不同脑区建立神经模型,为科学研究提供更大规模的仿真工具;实现"意念打字",对脑电信号进行实时解码;等等。

研究团队现已启动百亿级神经元类脑计算机的研制工作,研究突破类脑计算机体系架构、操作系统、基础软件等关键核心技术,并逐步实现开放与开源,建立类脑计算社区,开展类脑计算机的应用探索与研制,云边协同推进类脑计算产业化应用,助力类脑计算机产业。

5.2.2.2 智能超级计算机

之江实验室研制了自主可控的异构融合智能超级计算系统和软件栈,构建新型智能超级计算软件生态,期望智能峰值算力达到1EFLOPS①(16bit 混合精度),为国家新基建和大数据中心战略布局提供强有力的算力支撑。该智能超算系统架构如图 5-5 所示,数据分系统和算力分系统共同构成基础设施分系统,上层包括智能操作系统分系统、智能开发环境分系统、智能应用支撑分系统。该超算系统以新型计算范式为牵引,力争突破面向智能环境的操作系统、面向智能计算的存储架构、面向新型范式的融合智能计算系统结构、面向融合计算的应用并行与加速技术、支撑融合计算结构的智能开发环境等关键技术。

之江实验室联合清华大学、国家超级计算无锡中心、上海量子科学研究中心等单位,基于新一代神威超级计算机,研发了量子计算模拟器SWQsim[13,16],提出近似最优的张量网络并行切分和收缩方法及混合精度算法,可高效扩展至数千万核并行规模,并提供 4.4EFLOPS 的持续计算性能,这是全世界超算领域目前已知的最高混合精度浮点计算性能。谷歌研发的"悬铃木"系统在 200 秒内完成的百万量子采样(保真度0.2%),"顶点"超级计算机需要一万年才能完成同等复杂度的模拟,SWQsim 则可在 304 秒内得到更高保真度的百万关联样本,在一星期内得到同样数量的无关联样本,打破"悬铃木"所宣称的"量子霸权"(Quantum Supremacy)。SWQsim 还可以在 60 小时内完成比"悬铃木"复杂

---

① EFLOPS 即 exaFLOPS,1EFLOPS 代表每秒执行 10^{18} 次浮点运算。

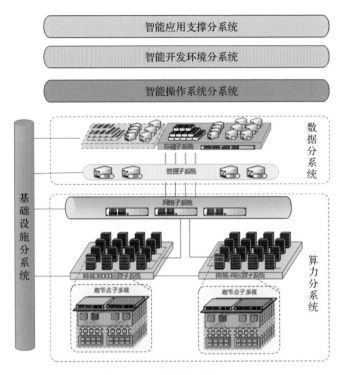

图 5-5　智能超算系统架构

1000 多倍的量子电路模拟,实现 100～400 比特量子电路算法的单振幅
和多振幅模拟,为未来量子计算的发展提供坚实的模拟支撑。该项目成
果"Closing the 'quantum supremacy' gap：Achieving read-time simula-
tion of a random quantum circuit using a new Sunway supercomputer"
(《使用新的超级计算机实现随机量子电路的读取时间模拟,缩小"量子霸
权"差距》)[16]获得 2021 年度 ACM"戈登·贝尔奖"。

5.2.3　智能计算软件系统

5.2.3.1　天枢人工智能开源平台

　　之江实验室联合国内顶尖科研力量共同打造了国产化自主可控的天
枢人工智能开源平台[17]。该平台面向人工智能研究中的数据处理、算法

开发、模型训练、算力管理和推理应用等各个流程的技术难点,研发了算法开发平台、高性能深度学习框架、先进算法模型库、视觉模型炼知平台、可视化分析框架与平台等一系列平台及工具(图 5-6),以至快至简为特点,在超大规模模型训练、模型炼知等技术上形成独特优势。

图 5-6　天枢人工智能开源平台 2.0 能力全景

平台通过系统软件支撑和开源社区的资源集聚,支撑人工智能研发和应用中从数据处理、算法开发训练到推理应用的全流程,赋能我国人工智能产业发展。其中算法开发平台可以让用户在云端一站式完成算法开发和应用的全流程,无须为底层的算力、开发环境等问题所困扰,大大提升了算法开发和应用的效率。

平台支持一站式 AI 模型开发,打通深度学习全流程,提供数据处理、模型开发、模型训练、模型管理、模型部署和可视化等组件,使用户可以在平台上简单高效地进行机器学习模型与应用的开发和构建,简化构建模型的流程及复杂度,平均提升研发效率在 50% 左右。平台还首创性地开源了模型炼知框架。

自主研制的高性能大规模分布式深度学习框架,突破了数据并行、模型并行、流水线并行和混合并行等难点技术,实现了自动数据路由和自动流水线编排;研究并使用类静态调度和持续操作符的流式系统架构,实现了深度模型的大规模分布式训练与计算。相比于业界其他开源框架,之江实验室天枢训练框架不仅实现了自动分布式并行,轻松支持十亿参数级模型训练,而且还拥有相对更高的吞吐率和加速比。在分布式训练的效率和易用性方面达到世界领先水平,可以支持用户快速定制大规模的分布式训练。

平台创新性地提出模型重组与知识精炼技术,首创性地开源了模型炼知框架。该框架能够自动度量多个视觉模型能否进行重组,并通过逐层重组、共同特征提取、多任务自适应分支解码等,将不同模型结构进行重组,直接生产出一个全新的模型,可应用于新的场景。基于这些核心算法,天枢平台打造了模型重组和炼知框架,包含模型重组算法引擎与模型重组图谱,方便用户直接基于框架构建高性能、低成本模型。与传统视觉模型的生成模式相比,该技术不需要人工标注训练数据,能提升 AI 技术研发效率 5 倍以上,同时节省大量标注成本,实现计算机视觉定义新型模型生产方式。

可视分析平台集成了数据的清洗、处理、分析和可视化展示的全流程,并且可以根据用户需求,直接定制数据可视化分析系统。平台算法库集成了近 70 种先进算法,包括计算机视觉、自然语言处理、智能语音处理、强化学习、搜索推荐、模型优化等六大领域,并已逐步推向实战场景中的应用。

在生态建设方面,平台依托中国人工智能产业发展联盟成立的开源开放推进工作组,汇聚各界力量,落实国家相关政策要求,建设产学研用良性互动的人工智能开源生态,通过开源开放,将人工智能先进技术快速推向产业创新者,促进人工智能技术赋能实体行业,帮助各类行业获取人工智能的技术红利,推动人工智能产业和实体经济持续融合。平台于 2020 年 8 月 1 日正式开源发布,之后,团队在平台的易用性、功能完备性、应用丰富度上进行大幅优化,并在 2021 年 8 月发布 2.0 版本。目前实验室数据中心已部署了超大规模的 AI 异构计算集群,支撑之江实验室、国家天文台、浙江省数字化改革等 100 多个科学研究和产业应用项目。平台开源版本已为浙江省大数据局等 500 多个企业和个人用户成功部署,提供人工智能中台服务,为各领域科研及产业应用提供 AI 赋能。

在标准制定方面,之江实验室参与了《信息安全技术机器学习算法安全评估规范》(*Technical Specification for Artificial Intelligence Cloud Platform-Performance*)等各类标准制定工作。此外,之江实验室还参与了工信部《新一代人工智能产业创新重点任务揭榜挂帅项目测评验收工作》的验收规范编写和测评工作。

5.2.3.2　广域协同智能计算操作系统

对于传统操作系统而言,在设计和实现操作系统功能时,最重要的是性能与用户的交互体验,而不太考虑硬件资源的利用率。对于智能计算操作系统,最为重要的是硬件资源利用率、系统性能、系统能耗等一系列指标。面向智能计算的操作系统,在实现操作系统基本功能的同时,更注重于任务调度的资源利用率。

智能计算平台操作系统的调度功能将面向分布式系统,对于由多计算节点、多存储节点以及复杂的网络环境组成的集群系统而言,资源调度将更为复杂。在当下,智能计算相关的模型规模不断增长,传统的单机平台早已无法完成模型训练任务,因此智能计算平台大多由大规模分布式集群组成,以达到较高的准确率。具体来说,在分布式系统中,操作系统需要将任务分配给各个处理机,除了需要考虑调度目标之外,还需引入许多其他影响因素。例如,多个任务在同一处理机上运行时互相影响所造成的性能下降是难以事先衡量的,当新的任务到来时,是否需要将该任务独占某一处理机,或是与其他任务共享处理机,是一类棘手的问题;此外,在分布式系统中,由于处理机可能处于不同服务器的不同位置中,不同处理机之间的"距离"是不同的,在进行任务调度特别是涉及任务在多个处理机中迁移时,不同"距离"的处理机之间的数据传输开销是完全不同的,这也应该纳入任务调度的考虑范围。

面向智能计算的操作系统支持各种异构的设备。如今各类专用加速器层出不穷,使用 GPU 配合 CPU 加速智能运算早已不是一件新鲜事,使用 TPU、FPGA、类脑芯片等硬件可以在智能计算任务中取得更好的性能。而各类芯片擅长的操作是不同的,在一个集群中使用各类硬件加速器可以集众家之所长,这是智能计算平台的发展趋势。智能计算操作系统应随着这种异构计算的发展趋势的演变而发展。

智能计算操作系统的智能不仅仅是指计算任务、计算平台的智能,操作系统也是智能感知的。也就是说,操作系统应该具有一定的感知能力,可以自适应整个计算集群在底层硬件上的变化。例如,对于异构性的平台,操作系统可以自适应地调整调度策略,对于给定的任务队列发挥不同类型加速器的优势,合理地分配任务到处理机中,尽可能以更低的能耗换取更高的吞吐量。

广域协同智能计算操作系统主要面向广域的异构的算力资源和不均衡的计算负载,通过资源的抽象、解耦和封装,构建软件定义可编程的实体抽象方法,以屏蔽设备、计算和数据资源的异构性。基于建立在互联互通互操作基础上的磋商协作问题,构建软件定义可编程的协作模型、规则和流程,以支撑跨独立利益主体的计算、数据和设备等交互秩序的形成。广域协同计算中的操作系统主要包括基于多维互操作的广域协调资源管理、面向负载不均衡的广域协同作业管理、广域协同的数据流通等。

之江实验室广域协同智能计算操作系统(图 5-7)旨在最终实现两个"1+1>2"的效果:一是以更好的服务多样化计算需求为牵引,支持底层基础设施资源通过云际协作,按需构建随处可得的更强算力,提升现有存量资源利用率,促成社会资源使用效率呈现"1+1>2"的叠加效果;二是以破解软件及数据连接增值的广域协同需求为牵引,支持上层业务软件和数据通过局部叠加达成全局更加智能的目的,探究数据背后的智慧,最大化释放数据价值,达成"1+1>2"的非预期成效涌现。

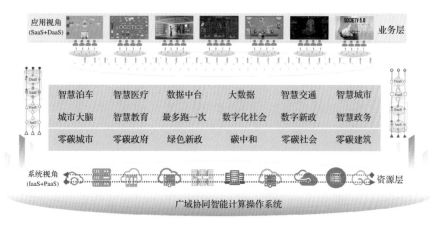

图 5-7 之江实验室广域协同智能计算操作系统应用概念图

5.2.4 智能计算标准规范

之江实验室在纳入国家实验室体系之后,将继续响应智能时代万物互联对创新智能计算技术的需求,研究制定智能计算标准体系,从标准角度实现智能计算的"中国定义",对智能计算技术在各个领域的传播和发展具有重要意义。

之江实验室智能计算标准体系结构主要由基础通用、支撑技术、关键领域、智能平台、重点应用、安全可信等六个部分组成(图 5-8)。

图 5-8 之江实验室智能计算标准体系结构

　　基础通用标准部分重点开展术语、参考架构、测试评估等方面的标准研制工作,主要规范智能计算标准的基础性问题,位于体系结构的最左侧。

　　支撑技术标准部分重点开展器件与芯片、智算操作系统、计算网络、类人感知等基础设施方面的标准研制工作,位于体系结构的最底层。

　　关键领域标准部分主要针对智能超算、类脑计算、图计算、光电计算、大数据智能、混合增强智能、跨媒体智能、广域协同智能计算等方面开展标准研制工作,为智能计算的行业应用提供技术支持。

　　智能平台标准部分主要针对知识图谱平台、数字孪生平台、可信计算平台、大数据智能平台、人机协同计算平台、人工智能算法与模型平台、机器人云脑平台等方面开展标准研制工作,为智能计算的行业应用提供平台支撑。

　　重点应用标准部分主要围绕领域应用(交通、医疗、金融……)、无人系统(机器人)、数字反应堆(材料、育种、制药、天文……)等具体需求对标准进行细化,支撑智能计算技术在行业的应用发展,位于体系结构的最顶层。

　　安全可信标准部分主要涉及安全与隐私保护、可信计算等方面的标准研制工作,贯穿于体系中的其他部分,用于支撑建立智能计算合规体系,保障各个计算环节的私密性、完整性、真实性和可靠性。

5.2.5　智能计算应用平台

5.2.5.1　智能交通平台

　　之江实验室在多领域同步推进智能交通平台建设。①在自动驾驶方面,从传统的单车智能和目前国家新基建主推的车路协同(图 5-9)与车和所有事物连接(V2X)融合的技术路线出发,突破车道线检测追踪、可通行区域检测、实时目标检测、运动预测与跟踪技术,融合视觉与惯性测量单元定位以及融合路网地图与 V2X 网联设施的多模态定位修正等关键技术,提高在恶劣交通环境及在部分遮挡、光照变化、天气变化等条件下的车道线检测跟踪、可通行域识别、动态车辆目标检测的准确率和成功率,在全球导航卫星系统失效情况下,仍能减少定位累计误差,获得自动驾驶

图 5-9　车路协同概念图

所需的高精度定位。②在数字孪生方面,重点突破海量异构数据可信修正和融合、高速公路设施环境的数字孪生交通流建模等关键核心技术,全面实现智慧高速交通流全时空运行态势感知、仿真、预测和决策的智能化。③在车联网方面,研究端-边-云协同车联网系统和交通管控中态势感知算法。④在软件工具包方面,提供面向无人车虚拟训练的仿真软件工具包,支持构建虚拟仿真测试场景和虚拟感知系统,保证仿真测试训练的有效性;提供高速公路交通流仿真工具包,基于元胞传输模型对高速公路各类应急疏导方案实施后的动态演变过程进行中观仿真,并评估方案实施效果;提供多维交通数据融合软件工具包,该工具包基于时空坐标关联的异构数据特征空间融合技术和深度神经网络模型的跨模态联合学习算法,生成多模态时空数据的共享表达。

5.2.5.2　智能医疗数据平台

之江实验室打造的多中心智能医学信息技术平台(图 5-10)集成了国际先进的临床数据治理、超大规模电子病历知识图谱、邻域最高效多中心临床数据同态加密等技术及工具,实现了一站式、跨机构、无障碍的多中心临床数据深度利用。该平台解决了医疗机构间数据异质性大、共享策略不完善、隐私保护下协同分析方法匮乏等实际问题,在临床电生理信号智能分析、多中心影像数据融合分析、多中心临床数据安全利用以及多中心生物医学大数据深度利用应用落地四个方面加深研究,开展面向多中心协同的生物医学智能信息技术平台构建及应用。

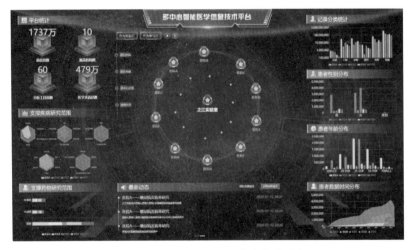

图 5-10　多中心智能医学信息技术平台

目前,该平台已经取得了丰硕的成绩:①研发完成国内最大规模电子病历知识图谱系统,覆盖 18 大类医学标准术语集,包含 479 万个医学概念实例、3531 万条概念相互关系以及 9600 万篇文献知识关联,临床术语覆盖范围达到国际领先水平;②创新临床数据深度利用模式,打破不同临床科室及医疗机构之间的知识壁垒,支持多学科、跨国界的临床"高精尖"研究;③支持发掘出"沉睡"在真实世界临床数据海洋中,易被忽略的潜在疾病信息,为重大疾病早期发现、风险预警和早期诊治提供一条崭新的途径。目前该项技术的应用推广和产业转化工作已经启动,未来将为 80~100 种全科常见疾病的辅助诊断与早期预警提供底层智能化医学知识体系支撑,以全面助力基层全科医疗服务能力的提升。

5.2.5.3　智能金融风控平台

之江实验室打造的智能金融风控平台,结合实际应用场景,探索智能计算技术在金融风控领域的应用,能够自动识别金融领域多种通用风险,为洞察和应对金融活动中潜藏的各类风险提供帮助。以车险理赔反欺诈为代表性场景,车险反欺诈图数据挖掘模型部署及应用流程如图 5-11 所示。该平台基于已有的机器学习车险理赔反欺诈算法和系统,以基于结构化数据和监督学习算法框架的自动化特征工程算法研究、保险科技知识图谱的构建及知识推理算法研究、基于文本数据和自然语言处理技术的文本风险特征挖掘算法研究、基于图像数据和计算机视觉技术的图像风险特征挖掘算法研究四个方面为切入点,进一步构建多源异构数据的车险承保和理赔智能化系统,构建与真实车险业务场景对接的能力,开展科研成果和平台建设成果的商业化验证。

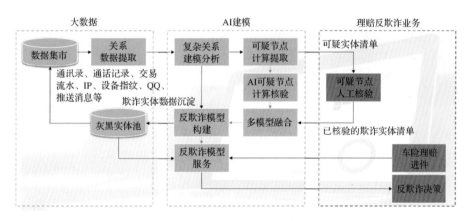

图 5-11　车险反欺诈图数据挖掘模型部署及应用流程

5.2.5.4　智能教育平台

之江实验室以机器人工程专业教学作为智能教育平台的首个代表性应用场景,探索智能计算技术在教育领域的应用。智能教育系统的主要组成和功能如图 5-12 所示。通过搭建面向机器人工程专业教学的智能教育系统,提供以学习能力挖掘以及强化教育公平和高效为目标的教育服务供给,主要开展基于数字素材的模块化备课技术研究、理论教学与软件实操强交互的学习空间站搭建、基于模块化备课技术与知识图谱技术的数字素材库搭建以及基于知识图谱技术的用户画像和学习行为研究四方面研究和建设。

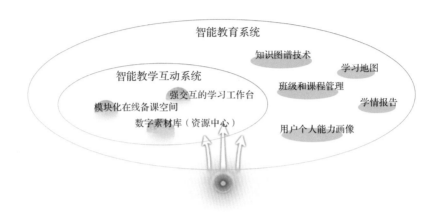

图 5-12 智能教育系统主要组成和功能

5.2.5.5 智能机器人云脑平台

之江实验室智能机器人云脑平台利用云端计算机为终端机器人提供强大的算力与资源,在解决机器人算力问题的同时,通过知识库构建与知识计算,为机器人加载一个"智慧的大脑",针对未知任务进行推理和决策。围绕我国在工业、服务、医疗、养老等智能机器人领域的重大战略布局,面向传统产业转型升级需求,之江实验室以云计算、边缘计算、机器人学、人工智能、智能网络等多学科交叉融合为基础,探索研究端-边-云协同计算、机器人群体协作决策控制、机器人知识表达及共享等核心关键技术的突破和创新,构建国际领先的智能机器人云脑平台,解决了当前机器人产业应用所面临的智能水平低、协作能力差等诸多难题。智能机器人云脑平台系统架构(图 5-13)主要由机器人云控平台、传感器、执行器、机器人软件系统等模块组成。目前,智能机器人云脑平台以展厅导览作为场景任务,通过端-边-云协同计算、知识表达与推理、数字孪生、机器人学习等技术,实现任务决策的自动生成与执行。在深度学习骨干网络上进行测试,与现有技术相比,云脑平台任务在线执行时的推理速度最高可提升 3.5 倍。之江实验室着力打造的智能机器人云脑平台是一个共性技术平台,未来将面向机器人领域开发者开放平台能力,提供机器人核心算法和开发工具,助力开发者研发机器人产品及应用,推动智能机器人产业发展,尤其是服务型机器人的产业发展。

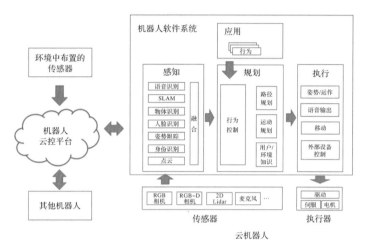

图 5-13　智能机器人云脑平台系统架构

5.3　智能计算数字反应堆

2021 年 10 月 30 日,之江实验室举行智能计算数字反应堆启动会,联合 10 余家顶级创新机构共建这一重大科学装置。智能计算数字反应堆是一个基于智能计算的全新科学装置,基于智能计算理论与方法、智能计算器件与芯片、智能计算硬件体系、智能计算软件系统和智能计算标准规范,通过实时数据接入平台,采集和汇聚全行业全要素数据,实现全要素数字化,对多源异构数据开展智能处理、融合和关联分析,建立人工智能模型库和算法库,高效利用智能计算集群、智能超算机、类脑计算机、光计算机,以及人工智能开源开放平台、广域协同智能计算平台等智能计算软硬件资源,催化数字反应堆发生数字裂变。

打造数字反应堆的使命愿景,一是为了打造智能计算的国之重器,支撑我国重要领域的科学研究,助推我国在相关领域实现重大创新突破,形成泛在可取、便捷服务的智慧之源,服务国家战略、经济民生,支撑浙江省科创高地建设和数字经济发展;二是为了实现智能计算的"中国定义",助力构建和验证智能计算理论体系与技术体系,形成广域协同的智能计算框架体系与应用平台,继而形成智能计算技术规范与行业标准。

5.3.1 数字反应堆总体架构

之江实验室智能计算数字反应堆总体架构以算力设施与智能平台为底座,以数据、算法、模型与知识为基础,打造公共知识库、领域知识库,构建运行管理、协同计算、知识构建、模拟推演、数据处理、人机交互六大引擎,建设智能计算数字反应堆(图 5-14)。在智能计算数字反应堆引擎推动下,为不同计算任务调度最优计算资源,适配最佳计算方法,形成最优结果,将为我国科学发现、社会治理、数字经济、生命健康等领域发展提供新方法、新工具和新手段,促进各领域数字裂变和聚变。

图 5-14 数字反应堆总体架构

5.3.2 数字反应堆物理形态

数字反应堆物理形态如图 5-15 所示。其物理中心在之江实验室南湖总部的计算与数据中心,可容纳 4000 个机柜以提供基础算力,建设有或正在建设 E 级智能超算机、P 级异构计算集群、百亿级类脑计算机、通用服务器计算集群、高性能图计算机、光电计算机等算力设施。通过CERNET2高速网络连接各超算中心,打造超算互联网算力平台;通过高速互联网,根据任务需要,把分布在全国各地的端-边-云计算资源接入广

域协同算力平台,最终形成以之江实验室计算与数据中心为核心的
~10EFLOPS算力的计算集群。

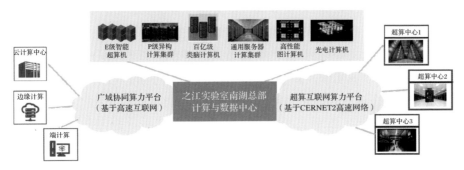

图 5-15 数字反应堆物理形态

5.3.3 数字反应堆功能形态

数字反应堆功能形态如图 5-16 所示。基于数字反应堆算力设施和
智能平台构建数字反应堆引擎,在数据分析引擎和知识构建引擎的共同
作用下,在运行管理引擎、协同计算引擎、模拟推演引擎和人机交互引擎
的辅助下,以数字为生产资料,通过智能计算产生更多、更有价值的数字,
并让数字进行跨领域融合,创造形成新的知识,沉淀成为专业领域知识库
和公共知识库。最终基于一系列的应用开发工具和协同管理工具,面向
科学发现、社会治理、数字经济和生命健康四个领域开展重大应用。

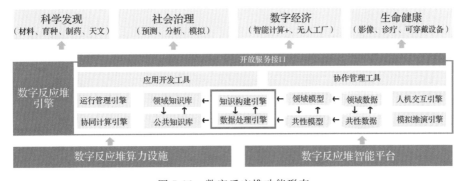

图 5-16 数字反应堆功能形态

5.3.4　数字反应堆领域应用

在数字反应堆的启动会上还同步启动了智能计算数字反应堆的首批重大应用项目,首次发布了智能计算数字反应堆计算材料、计算育种、计算制药、计算天文等系列白皮书,加速促进智能计算与材料、制药、基因、育种、天文等领域的深度耦合(图 5-17),同步推进基因、仿真和社会等更多领域的融合研究,支撑我国重大战略领域的科学研究。

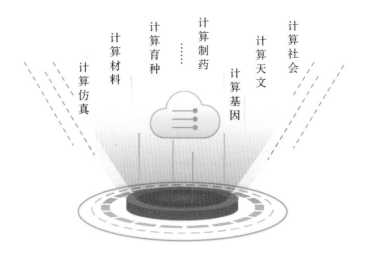

图 5-17　数字反应堆领域应用

5.3.4.1　计算材料

计算材料学是对材料的结构、性能等特性进行计算机模拟与设计的学科,该学科主要研究两个方面的内容:①材料的计算模拟,从实验数据出发,通过数学模型及数值计算,模拟实验的实际过程;②材料的计算机设计,通过理论模型和计算,预测或设计材料结构与性能。材料的计算模拟使材料研究不仅停留在对实验结果的定性讨论上,还将实验结果上升为一般的、定量的理论;材料的计算机设计则使材料的研究更具方向性和前瞻性,有助于材料的原始性创新,从而大大提高材料的研究效率。随着计算机与计算技术的高速发展，计算材料学通过计算机模拟对材料的性能进行事先的预测和设计，大大降低实验试错的成本，缩短实验试错的时间。加之近年来新兴人工智能和大数据方法的融合正在引发计算材料学的突破性发展和飞跃式变革，又使得计算材料学如虎添翼。数据驱动的人工智能方法极大地提升了计算材料学的预测效率和能力。

数据驱动的材料研发能够将高通量计算、高通量实验与数据库、机器学习方法高度融合，低成本加速材料研发的整个流程。传统的材料设计方法中需要材料设计者不断调整设计参数，在不同参数设置下分别进行实验，以此寻找满足需求的材料设计参数。而以深度学习为代表的人工智能技术为我们提供了将多模态、多领域海量数据进行汇聚并高效准确地从中提取规律、价值的可能。借助于此，我们可根据已知实验数据构建机器学习模型，预测某个特定设计参数下的目标响应。如此，在面对新的材料设计需求时，便可以借助模型预测值来搜索最优的材料设计参数，从而大大减少实际实验次数，加快材料研发速度，降低材料研发成本，提高材料设计的成功率和效率。

之江实验室前瞻性布局智能计算材料研究方向，主要包括两个方面的内容：①应用人工智能理论与方法解决计算材料学的现有短板与问题，称为材料的"智能计算"研究方法；②发展基于计算材料数据的描述材料组分、工艺、结构和性能构效关系的人工智能方法，称为材料的"计算智能"研究方法。

之江实验室计算材料以"领域知识＋计算＋AI＋数据"为平台建设的基本思路(图5-18)，围绕材料数据科学的核心问题，以材料计算的智能化为目标，针对这些共同核心问题，从方程求解、算法应用、参数提取等多个方面，力争实现计算材料学软件平台的阶跃式发展，为计算材料学软件生态的发展提供解决方案。未来，之江实验室将建成国际一流的智能计算材料平台。

之江实验室发挥了先进智能计算平台与材料基因组数据驱动的新材

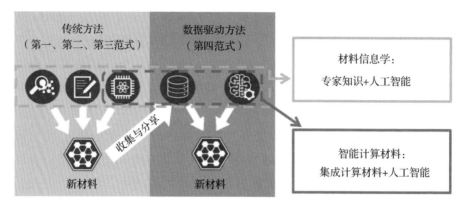

图 5-18 "领域知识＋计算＋AI＋数据"平台建设基本思路

料研发相互结合的优势,布局智能计算数字反应堆计划之智能计算材料学方向,建立智能计算材料学研究平台。该平台面向先进制造业对关键新材料需求,围绕材料人工智能算法和模型、智能化计算材料软件、材料基因组专用数据库、材料数据管理与利用、关键新材料示范应用,建成一支高水平的计算材料学人才队伍,推动计算材料学国际化,提升我国计算材料学的国际影响力和竞争力。其总体目标是在材料基因组工程理念下,推动材料研发范式的变革,促进材料科学原始创新与技术进步,为新材料研发提供基础平台和支撑,经过 5～10 年的发展,将该平台建设成为国内一流国际领先的智能材料计算平台,服务我国材料科学研究和经济社会发展。

5.3.4.2　计算育种

在经历了依靠农民经验和主观判断、作物育种学科逐步建立、分子选择育种三个历史阶段后,伴随着大数据、人工智能等学科的发展,以及基因编辑、合成生物等基因组定向精准改良技术的逐步建立,智能育种进入了全新的时代。基于大数据、云计算、人工智能等新一代信息技术和智能装备技术,模拟作物生长气候、环境等因素,综合多组学大数据进行智能育种决策,能够为作物新品种选育提质增效。当前新一轮科技革命和产业变革加速演变,这正是我国种业"弯道超车",实现跨越式发展的绝好机会。

之江实验室积极布局计算育种学研究,立足于分子精准育种技术现状,以育种大数据为熔炉底料,将大数据挖掘与分析、人工智能、高性能计算等先进技术方法高效融合,建立以计算育种学为核心的新一代作物育种理论和技术体系,聚焦四大主要研究内容,即计算育种领域人工智能算法和模型研究,计算育种学数据平台和软件平台研发,高质量育种基因、分子和表型数据库构建,以及关键领域作物新品种研发;通过现有的基因、分子、环境和表型等多模态、多尺度海量数据集,建立高精度模型,推动作物育种研发范式的变革,促进作物育种理论创新与技术进步,加速育种的全流程智能化研发,为作物新品种的培育和生产提供核心技术和科技平台。计算育种研发,将推动作物育种从"试验选优"向"计算选优"的根本转变,促进育种科学范式变革,全面提高育种数量、速度、质量和产量,推进分子精准育种技术在我国农作物育种领域的规模化应用。

5.3.4.3 计算制药

传统药物研发通常要经过设计、合成、测试、分析四个阶段,每一阶段都需要投入大量的时间和资源,因此药物的研发一直面临着周期长、成本高、风险大的问题。随着大数据、人工智能、计算技术的快速发展,新一代大数据和智能计算技术不断成熟,当前的计算制药正在经历以大数据和智能计算技术为驱动的科学范式变革,这促使传统制药向着智能计算制药转型。

之江实验室积极开展对计算制药的布局(图 5-19),希望通过计算制药研发流程中各个环节前沿技术的突破,实现对发达国家的"弯道超车"。计算制药借助人工智能算法、海量生物医药数据、超高速云计算等手段,优化新药研发的整个流程。之江实验室计算制药主要围绕以下三个方面展开工作:①针对药物研发的不同环节构建三个智能化新药研发平台,即活性药物分子发现平台、新药源头创新平台和智能药物合成机器人,面向

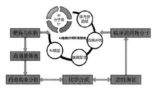
药物研发全流程AI优化

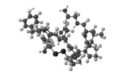
特定样品中的小分子研究

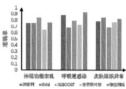
药物副作用预测

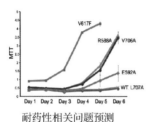
耐药性相关问题预测

蛋白质组大数据存储与分析

药物-靶标相互作用模拟

图 5-19　计算制药研究内容

基础科学前沿,充分利用新药研发中的计算工具和方法,推动制药研发进一步智能化、计算化;②建设药物大数据 AI 智能计算平台,向全球医药领域从业人员提供制药相关的大数据处理、清洗、挖掘、分析等服务,实现制药全流程在线分析;③聚焦聚力、做实做透、重点突破六个方面的主要研究内容,即药物研发全流程 AI 优化、特定样品中的小分子研究、药物副作用预测、耐药性相关问题预测、蛋白质组大数据存储与分析、药物-靶标相互作用模拟。

5.3.4.4　计算天文

天文学是当前物理科学领域无可争议的前沿热点,随着 500 米口径球面射电望远镜(five-hundred-meter aperture spherical radio telescope,FAST)[18]、阿塔卡玛大型毫米波天线阵(atacama large millimeter array,ALMA)[19]、平方公里射电阵(square kilometre array,SKA)[20] 等大型望远镜陆续投入使用,天文学将同时面临海量的天文数据和黄金发展期。随着天文望远镜技术不断提升,高达 P 级甚至 E 级的巡天数据无疑将使天文学迈入数据密集型新时代,传统人工或者半自动化的方法已无法满足实际需要。传统的数据处理方式已难以应对超大数据规模与超高复杂度的天文大数据,应用智能计算技术已成为解决天文大数据问题的必由之路。

近年来,随着智能计算技术在计算机科学、无线通信、机器人、制药学、生物学等多学科取得极大成功,天文学界已经普遍认识到以人工神经网络为代表的机器学习算法,能够基于天文大数据的大规模历史存量数据和不断产生的海量增量数据,实现大规模巡天时代下海量天文观测数据的智能化数据挖掘与寻星。同时,伴随着天文学数据的飞速增长,以图计算处理器、FPGA 和智能超算机为代表的智能计算技术能够支撑射电望远镜进行大规模巡天以及对应的海量天文大数据实时处理与存储。

之江实验室面向天文学最前沿,聚焦计算天文学中的 AI 寻星这一核心领域,借助智能计算数字反应堆的高性能计算软硬件平台,有效应对 AI 寻星领域的核心挑战,完成天文学前沿技术的突破。针对 AI 寻星领域的挑战,主要从以下四个方面进行攻关和突破:①打造天文大数据智能计算平台,面向基础科学前沿,依托国家大科学装置 FAST,深度、智能挖掘数据,推动宇宙探测的"时间"前沿,围绕快速射电暴及脉冲星搜寻、天文实时算法与终端研制、天文数据处理模型及算法设计三个研究方向展开研究;②依托之江实验室不断进步的高性能计算能力,研究望远镜终端系统直接存储和时域数据处理策略,大幅提升天文处理能力,并在此基础上,构建大规模天线阵,满足对望远镜原始数据未降速下的完全处理能力,实现未来数字望远镜技术,积极推动望远镜空间组阵应用;③立足之江实验室先进的微纳加工平台,实现天文级高灵敏度超导探测器技术从设计、加工、集成到应用的全链条掌握,推动太赫兹波段的军事、安防应用,实现科学产出与技术军民融合应用;④打造"可视化天文数据服务平台",以云平台、开放、参与、互动的理念,服务国内及国际社群,辐射影响学术和工业界,面向全球天文领域的科研工作者打造属于我国的 FAST。

5.3.4.5　计算基因

2001 年,人类基因组序列与基因图谱的公布,标志着以大数据为基础的数字基因时代的到来。近年来,大规模外显子组和全基因组测序的重大进展推动了生物与医学界对各种多因素疾病相关基因和变体的进一步了解与认知,但人类对影响表型的基因组多层相互作用的认识仍然不够完整、大多数基因学原理难以准确解释,导致诊断的不确定性及医疗研发进展的不稳定性。人工智能、大数据、智能计算技术的发展是加速基因研究的关键,特别是深度学习在蛋白质结构预期上的重大进展,表明人工智能和数据驱动的创新范式正引领并推动生命科学领域蓬勃发展。

之江实验室前瞻性布局智能计算基因研究方向,聚焦基因型与表型分析和预测的 AI 模型与平台、基因组学生物信息云、基于聚集的有规则间隔的短回文重复序列(clustered regularly interspaced short palindromic repeats,CRISPR)[21] 和 AI 技术的体外医疗智能核酸检测、基于 CRISPR 和 AI 技术的体内医疗智慧细胞药物等研究,开展智能计算与生物信息结合的理论与创新实践,进一步拓展基因编辑边界,通过读写基因源码,引领和推动生命科学研究。图 5-20 介绍了计算基因总体架构,基于全新的生物人工智能计算平台,联合生物科学家、人工智能专家,共同开展生命科学的理论和实践创新,努力将该平台建设成为人工智能和生命科学交叉研究与转化的新高地。

图 5-20　计算基因总体架构

5.3.4.6 计算仿真

工业软件是整个现代工业体系的"大脑",对兵器装备、航天航空、机械、汽车、电子消费、制药等行业各流程的全生命周期规划与管理具有重要意义。然而,目前我国自主研发的计算机辅助工程(computer aided engineering,CAE)软件仍为空白,国内高端工业计算仿真软件严重受制于人且发展较为缓慢。

之江实验室针对制造强国建设的重大战略需求,开展复杂工业系统的计算仿真软件研发,利用系统工程理念,通过对求解器功能的拓展与先进算法的优化、多学科基础元件库建设、系统工程层次化设备库建设、大系统协同设计等,实现对复杂系统的电、磁、控制、机械等多物理场耦合综合仿真分析。将计算仿真软件应用于智能装备制造领域,可填补国产化高端工业计算仿真软件的空白,对提升我国国家核心竞争力具有重大意义;将计算仿真软件应用于智能工厂等现代制造业领域,将推动我国制造业产业生态创新及技术体系、生产模式、产业形态和价值链的重塑。

5.3.4.7 计算社会

随着数据规模的爆炸式扩增和数据模式的高度复杂化,社会数据计算、社会模拟和社会科学实验等常见的社会科学研究方法在数据隐私、数据完整性及数据融合等方面出现传统方法无法解决的难题。智能计算平台和相关生态的建设培育逐渐成为推进计算社会科学领域发展乃至推动社会科学研究范式转变的全新原动力。

在社会科学相关的数据基础方面,新一代智能计算可以助力海量社会运行数据接入融合、数据隐私安全和知识自动发现等方面建设;在数据建模分析方面,新一代人工智能仿真模型、分布式安全计算、可视化增强分析等技术也能为复杂的社会经济系统提供更灵活、更强大的运行趋势预测分析能力,精准辅助政府行政决策。之江实验室通过打造智能计算与社会科学的双向交叉融合的智能计算社会科学科研平台(图 5-21),推动多方社会运行数据资源共享协作,发挥更大数据价值,真正助力社会治理向现代化、智能化转变。

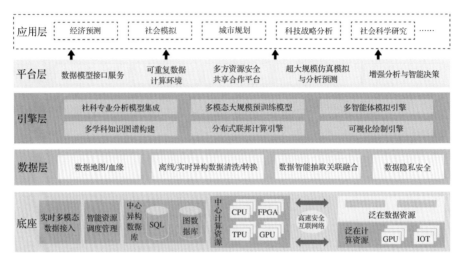

图 5-21　计算社会平台总体架构

参考文献

[1]危辉,潘云鹤.从知识表示到表示:人工智能认识论上的进步[J].计算机研究与发展, 2000(7):819-825.

[2]Perera C, Zaslavsky A, Christen P, et al. Context aware computing for the internet of things: A survey[J]. IEEE Communications Surveys & Tutorials,2013,16(1):414-454.

[3]Shen C X, Zhang H G, Wang H M, et al. Research on trusted computing and its development[J]. Science China Information Sciences,2010,53(3):405-433.

[4]Katz E. Biocomputing—Tools, aims, perspectives[J]. Current Opinion in Biotechnology, 2015,34:202-208.

[5]Watson J D, Crick F H C. Genetical implications of the structure of deoxyribonucleic acid[J]. JAMA,1993,269(15):1967-1969.

[6]陶建华,陈云霁.类脑计算芯片与类脑智能机器人发展现状与思考[J].中国科学院院刊,2016,31(7):9.

[7]刘艳.标准助力人工智能产业化竞争[N].科技日报,2018-02-12.

[8]Herder C, Yu M D, Koushanfar F, et al. Physical unclonable functions and applications: A tutorial[J]. Proceedings of the IEEE,2014,102(8):1126-1141.

[9]Yang J, Chen D, Ding Q, et al. A novel PUF using stochastic short-term memory time of oxide-based RRAM for embedded applications[C]//2020 IEEE International

Electron Devices Meeting (IEDM). IEEE，2020.

[10]Yang J，Lei D，Chen D，et al. A machine-learning-resistant 3D PUF with 8-layer stacking vertical RRAM and 0.014% bit error rate using in-cell stabilization scheme for IoT security applications[C]//2020 IEEE International Electron Devices Meeting (IEDM). IEEE，2020.

[11]Zahoor F，Azni Zulkifli T Z，Khanday F A. Resistive random access memory (RRAM)：An overview of materials，switching mechanism，performance，multilevel cell (MLC) storage，modeling，and applications[J]. Nanoscale Research Letters，2020，15(1)：1-26.

[12]Huo Q，Song R，Lei D，et al. Demonstration of 3D convolution kernel function based on 8-layer 3D vertical resistive random access memory[J]. IEEE Electron Device Letters，2020，41(3)：497-500.

[13]袁继新.以超常规态势打造国家战略科技力量[J].今日科技，2022(2)：22.

[14]浙江大学联合之江实验室发布亿级神经元类脑计算机[J].信息网络安全，2020(9)：125.

[15]Zhang M，Gu Z，Pan G. A survey of neuromorphic computing based on spiking neural networks[J]. Chinese Journal of Electronics，2018，27(4)：667-674.

[16]Liu Y，Liu X，Li F，et al. Closing the "quantum supremacy" gap：Achieving real-time simulation of a random quantum circuit using a new Sunway supercomputer [C]//Proceedings of the International Conference for High Performance Computing，Networking，Storage and Analysis，2021：1-12.

[17]陈航,盛汪淼芷.之江天枢正式开源瞄准人工智能新基建[J].今日科技，2020(8)：20.

[18]Nan R. Five hundred meter aperture spherical radio telescope (FAST)[J]. Science in China Series G，2006，49(2)：129-148.

[19]Brown R L，Wild W，Cunningham C. ALMA—The Atacama large millimeter array [J]. Advances in Space Research，2004，34(3)：555-559.

[20]Dewdney P E，Hall P J，Schilizzi R T，et al. The square kilometre array[J]. Proceedings of the IEEE，2009，97(8)：1482-1496.

[21]Al-Attar S，Westra E R，van der Oost J，et al. Clustered regularly interspaced short palindromic repeats (CRISPRs)：The hallmark of an ingenious antiviral defense mechanism in prokaryotes[J]. Biological Chemistry，2011，392(4)：277-289.

6 智能计算的应用展望

随着智能计算技术的逐渐成熟和蓬勃发展，许多领域出现了具有颠覆性变革作用的智能计算应用，且越来越多的应用正在萌芽。在可以预见的未来，智能计算将在科学发现、社会治理、数字经济和生命健康等领域落地生根、发光发热，为人类社会发展带来巨大变革。

6.1 科学发现

在当今时代的科学研究中，计算变得越来越重要，甚至成为科学技术创新的主要方式之一。一方面，理论研究往往局限于简单或者理想情况下的问题建模和求解，而计算的方法可以应用于强非线性问题、非平衡问题等现实情况中的复杂问题。另一方面，与实验研究相比，利用计算机虚拟仿真，可以无损伤、全过程、全时空展开研究，而且具有低成本的优势。

科学发现中的计算是智能计算的经典实例，智能计算技术在天文学、材料学、生物学、物理学、力学等学科的建模计算过程中起到了重要作用，例如材料学的组织结构分析[1]、生物学的蛋白质结构预测[2]、流体力学的有限元分析[3]等。近年来，软硬件计算能力和人工智能技术的发展极大地推动了计算在各个领域中的应用,在计算生物学等领域取得了颠覆性的成就。在智能计算方面,我们需要在一个系统化的视角下整合硬件效能、软件能力、算法研究和科学领域的专业知识,打造更丰富的应用场景,助推各个领域的科学发现。

2022年,之江实验室计算天文团队联合国家天文台等研究团队在《科学》期刊发表题为"Frequency-dependent polarization of repeating fast radio bursts—implications for their origin"(《重复快速射电暴的频率相关极化对其起源的影响》)[4]的论文,指出重复快速射电暴处在类似超新星遗迹的复杂环境中。该论文创新性地利用偏振频率演化关系研究快速射电暴周边环境,首次提出了能够解释重复快速射电暴偏振频率演化的统一机制,为区分重复快速射电暴起源的众多理论模型提供了关键观测证据。快速射电暴[5]是一种遥远宇宙中的无线电波大爆发,持续时间只有几毫秒,却能够释放出相当于太阳在一整天内释放的能量。自2007年射电天文学家邓肯·洛里默(Duncan Lorimer)教授及其团队首次发现快速射电暴以来[6],这种新的天体物理现象成为天文学领域的研究热点。基于现有的天文设备条件,很难直接观测到银河系之外的起源细节,绝大多数快速射电暴只在射电波段有信号,缺乏能够提供额外信息的多波段观测。过去只能守株待兔地努力确认对应体,然而由于距离太过遥远,即使探测到爆发,也难以确定快速射电暴的基础物理机制。利用智能计算,可以深度挖掘FAST高时频宇宙信号采样数据,探测迄今世界最短时标的天体辐射现象,探索宇宙的"时间前沿"无人区,力争理解快速射电暴起源。目前,之江实验室正在研究打造基于FAST的天文智能计算平台,将借力智能计算与人工智能技术,加速天文领域的科学研究。

2022年,之江实验室与上海大学、南京工业大学、奥地利科学技术研究所等单位合作,在基于人工智能的计算材料与性能预测方面获得重要研究进展。该研究团队围绕"锂离子电池电极材料绝缘体电化学"核心难题,提出了计算解决方案,在《自然·催化》(*Nature Catalysis*)期刊上发表论文"Threshold potentials for fast kinetics during mediated redox catalysis of insulators in Li-O$_2$ and Li-S batteries"(《锂-氧和锂-硫电池中氧化还原媒介体催化充电反应的动力学突跃现象》)[7]。在锂离子电池充放电过程中,电池内部固体材料界面之间接触不良,导致充电不完全,这会使得能量效率降低而造成电池破坏失效。针对这一技术瓶颈,研究团队提出了理论计算解决方案并得到实验验证。在该研究中,研究团队首次将"无序化分解"思想引入转换反应放电产物的分解机理研究,发展出一套应用于转换反应电极材料的分解过程计算方案。该方案突破了传统局限于满足化学计量比的理想分解过程,提出了更契合产业实际的电化学过程分解路径,预测出更贴合真实体系的本征过电位。结合实验工作,研究团队证明了计算预测结果的正确性,并且可使反应动力学效率提高至原来的3~5倍。该研究成果充分体现了计算材料学对加速材料研发过程的重要推动作用,将有助于解决动力学和过电位依赖关系等阻碍器件应用发展的关键科学问题。

生物学研究发现,狮子鱼的骨骼细碎状地分布在凝胶状的柔软身体中,能承受近百兆帕的压力。狮子鱼的奇特构造带给我们很大启发。如果能将深海的"生命奥秘"化作"机器之力",就可以研发出自适应深海极端环境的仿生、软体、小型化智能深海仿生机器人。之江实验室与浙江大学的科研团队基于狮子鱼头部骨骼在软组织中的分散融合特点,对电子器件和软基体的结构、材料进行力学设计,优化了高压环境下机器人体内的应力状态。团队研发的仿生深海软体机器人形似一条鱼,长22cm,翼展宽度28cm,尺度近似于一张A4纸,控制电路、电池等硬质器件被融入集成在凝胶状的软体机身中。通过设计调节器件和软体的材料与结构,使机器人不需要耐压外壳便能承受万米级别的深海静水压力。在研究过程中,一系列数值计算和大量压力环境模拟实验验证了方案的可行性。2019年12月,仿生深海软体机器人在马里亚纳海沟坐底,海试影像显示,在马里亚纳海沟10900m深处,该机器人实现了稳定扑翼驱动。2020年8月27日深夜,该软体机器人在南海3224m深处成功实现了自主游动。该科研团队率先提出机电系统软-硬共融的压力适应原理,成功研制了不需要耐压外壳的仿生软体智能机器人,并首次实现在万米深海自带能源软体人工肌肉驱控和软体机器人深海自主游动。2021 年,"Self-powered soft robot in the Mariana Trench"(《马里亚纳海沟的自驱动软体机器人》)[8]作为封面文章刊发于《自然》期刊。

蛋白质对生命至关重要,蛋白质结构预测一直是计算生物学领域的重要研究方向。蛋白质的形状与功能有着非常密切的关系,对蛋白质结构的预测能够促使我们更深入地理解蛋白质的功能和工作原理。在相当长一段时间里,冷冻电子显微镜、核磁共振波谱和 X 射线成像是该领域的常用技术,研究人员通过实验方法确定蛋白质形状。然而确定单个蛋白质结构需要数月甚至数年的工作,这些实验存在工作量大、耗时长、成本高等缺点,因此通过计算的方法对蛋白质结构预测越来越被人们所重视。蛋白质结构预测(Critical Assessment of protein Structure Prediction,CASP)竞赛[9]被誉为蛋白质结构预测的奥林匹克竞赛,它通过竞赛的方式促进蛋白质结构预测领域技术突破。在第 13 届 CASP 竞赛中,谷歌旗下 DeepMind 团队开发的 AlphaFold 算法[10,11]利用深度神经网络,通过预测氨基酸对之间的距离和连接氨基酸的化学键之间的角度,极大地提高了蛋白质结构预测的准确度。在第 14 届 CASP 竞赛中,DeepMind 团队提出 AlphaFold 2 算法[12]。该算法基于注意力的神经网络系统,利用多序列比对与深度学习方法,大幅提升预测的准确度,预测结果高度接近通过实验确定的蛋白质结构。这些结果加速了计算生物学的发展,各类计算模型层出不穷[13-16],在准确度不断提升的同时,计算速度和算力需求也不断优化,这对生物学研究起到了重要作用。

在智能计算技术引领下,智能计算能力得到巨大提升,为化学、数学、物理学等潜在应用领域的科学问题求解与模拟提供了新的方法与可能(表6-1),极大地加速了这些领域的发展。

表 6-1　智能计算在科学发现中的潜在应用领域

潜在应用领域	应用展望
天文学	基于数据挖掘、机器学习等智能计算技术处理海量天文数据,实现全链条、高质量的计算天文学研究,在快速射电暴、脉冲星单脉冲、密近双星系统脉冲星信号筛选等方面加速计算天文领域的技术突破和应用落地
材料学	在智能计算和人工智能数据技术的驱动下,将先进的智能计算平台与材料基因组数据驱动的新材料研发优势相结合,在材料人工智能算法和模型、智能化计算材料软件、材料基因组专用数据库、关键新材料示范等领域,促进新材料基础前沿与应用技术的发展
生物学	借用智能计算的网络分析和模型分析能力,整合基因、细胞、组织、器官、个体各个生命层次,开展系统生物学研究;依靠智能计算的数据分析,在核酸、蛋白质序列中发掘联系和规律,开展生物信息学研究;利用智能计算的智能算力进行蛋白质结构预测,开展计算生物学研究
地　学	为地学海量数据采集、分析提供了全新途径,可视化分析、智能传感和智能反演等技术有效助力地学研究,智能计算正在推动地学从定性分析转向定量研究
化　学	帮助打破分析化学中人工特征选择的瓶颈,提升了多个尺度计算化学方法的精度和效率,使得化合物的自动化设计与合成成为可能,加速高效催化剂的设计和开发
数　学	利用智能化算力资源,运用逻辑推理判断给定数学推理系统和定理正确与否;解决深度神经网络参数估计优化问题、算法可解释性问题,推动人工智能数学基础理论进展
物理学	利用大规模智能算力模拟物质与反物质碰撞过程中粒子间的相互作用,模拟核聚变反应中等离子体行为等最复杂的粒子互动,从而发现世界运行规律
生态学	利用智能计算资源对气候、环境、磁场进行模拟,发现生态学规律,判断气候变化、二氧化碳含量改变、磁场变化的趋势,预测各类生态变化

6.2　社会治理

如果说 20 世纪是由信息论、系统论、控制论推动的基于计算机技术发展的信息时代,那么 21 世纪就是由物联网、大数据、智能计算技术支撑的以新一代信息技术为主导的智能时代。以智能计算为代表的新一代信息技术打破了空间限制,使人与人、人与物的联系日趋紧密,人类社会正在步入一个人-机-物三元融合的新纪元。一方面,基于大数据的人工智能为研究者带来了认识人类社会运行规律的新范式;另一方面,人工智能从感知、认知到决策支持的卓越表现也为社会治理提供了过去无法想象的工具与手段;更加重要的是,这种三元融合的生存图景本身就是社会学需要研究的新问题、社会治理需要处理的新局面。

日趋成熟的大数据采集、挖掘、清洗与计算技术使得社会这一复杂巨系统开始变得"可计算"起来;信息化建设的普及使得社会运行变得可感知、可记录、可测度。数据不断汇集,从数据库到数据仓库,从数据流到数据海洋,形成海量、异构、动态的大数据,这不仅拓展了原有社会学领域"可计算"的范围,而且给传统的定量研究方法带来了具有迭代意义的挑战;智能计算自我迭代、自我完善的深度学习功能使得预测模式更加优化,社会在可计算的基础上也更加可预测。

我国当前的社会治理实践领域的"数字孪生"(digital twin)概念远超于技术范畴,一定程度上被升级成一种新型的城市"治理模式"。"数字孪生城市"建设追求将物理城市所有元素都映射于数字世界,形成数字镜像并且能够展现于统一的城市治理综合信息平台,做到城市运行的信息可见、轨迹可循、状态可查,物理城市与数字城市虚实同步运转,过去运行数据可追溯,未来趋势风险可预期——这是建设新型智慧城市之路。

与数字镜像的思路不同,在社会模拟领域另有技术门派通过建模仿真智能体(元胞体)进行社会模拟。将社会视为一种复杂适应性系统,学者尝试对微观个体行为进行建模,通过模拟多个智能体的同时行动及相互作用,再现和预测复杂现象。这个过程被认为是从低(微观)层次到高(宏观)层次的涌现,被称为代理人基模型(agent-based model,ABM),是人工智能技术在社会科学领域中最为前沿的应用之一。

区别于社会"模拟"追求的物理世界的镜像,"虚拟"是指在互联网和移动互联网上重新塑造的娱乐、社交、消费环境,构建成包罗万象的"线上社会"世界;线上的平行世界并不是线下社会生活的直接镜像,而是构建了线上虚拟身份数字化生存的环境,但是虚拟社会的运行方式是线下社会组织运行的投射,且具有天然的可测度性。一批社会学者将线上形成的"虚拟社会"当作社会实验、社会研究的实验环境,既可以在虚拟社会中验证经典的社会学理论,又可以把线上传播、社交等人类社会活动当作研究对象本身去发现新的社会学理论。"互联网社会实验"已经产出一系列理论研究成果,在计算社会学领域占有一席之地。

"元宇宙"(metaverse)一词是 2021 年度科技与媒体的顶流热词,虽然该词暂时没有统一的标准定义和终极形态的描述,但是其核心在于"对虚拟资产和虚拟身份的承载"已是业内共识。元宇宙始于"下一代互联网",而终极在何方仍有巨大想象空间,可以说是虚拟社会的极致。其以超越现实的姿态存在,有望成为数字社会与物理社会虚实结合的入口。在智能计算发展的支撑下,人类的数字化生存方式正从数字仿真走向数字原生,虚实结合的元宇宙似乎更像是数字世界与物理世界的融合迭代,或将是未来人类社会生活的常态。

作为改变未来的颠覆性技术,智能技术为提升社会治理现代化能力和水平带来了新的机遇,同时也给法律法规、伦理道德等方面的社会治理带来了新的挑战。之江实验室在其发布的《敏行而慎思——开展人工智能社会治理实验》[17]中提出,新型智能社会治理应通过现代化社会治理设施的软硬件建设,推动治理数据整合,消除信息共享障碍,确保治理过程隐私安全,提高社会治理智能化水平。数字化技术推进形成"政府-社会-企业-公民"数据流,实现用数据说话、用数据决策、用数据管理、用数据创新的管理机制,从而提高新型智能社会治理的精准性和有效性。

随着智能计算的介入,人类社会正在步入一个人-机-物三元融合的新纪元,社会的可计算性、可模拟性、可虚拟性得到极大提升,社会治理的各个领域都发生了革命性变化,这为人民带来了更优的生活工作体验,也为社会稳定、高效、安全运行提供了支撑,更进一步引发了我们对智能计算赋能社会治理的无限遐想和期待。在社会治理当中,假如我们能预知未来发展态势,采取相应的举措,就可以减少或避免社会问题的发生。社会推演分析的目的即是如此,而随着智能计算技术不断发展,社会推演分析的应用领域不断拓宽,准确度大幅提升,越来越多与社会治理相关的应用领域正在涌现(表 6-2),推动社会治理从事后补救向事前预防转变,促进社会治理进一步向精准化、科学化和智能化转变。

表 6-2 智能计算在社会治理中的潜在应用领域

潜在应用领域	应用展望
政策仿真	智能计算带来的算力跃升和算法丰富使基于海量数据的政策仿真越来越准确,政府施策精准度进一步提升
城市治理	城市国土空间的模拟推演及监测预警,为城市空间的规划、设计、施工、运维各阶段提供智慧化的计算手段,使感知城市体征、检测城市活动、预演城市未来成为可能,从而实现城市的精细化管理与精准化治理
"双碳"治理	探索利用智能计算技术,创新社会控制理论与技术,在特定的时间节点内,在融合生态系统、经济市场、社会系统的一个开放复杂巨系统中,精准实现"双碳"目标
社会不平等治理	对城市住房条件、平均收入或死亡率和发病率等统计数据进行分析与计算,对城市社会、经济、环境和健康等方面的不平等情况进行呈现与分析,从而预测与应对社会不平等状况
社会实验	为应对人工智能发展对人类社会在法律隐私、道德伦理、公共治理等方面的潜在风险问题,提前做好研判和防范,确保人工智能安全、可靠、可控,实施开展长周期、宽区域、多学科综合的人工智能社会实验,深入理解人工智能技术的社会影响特征与态势,准确识别人工智能为人类社会带来的挑战和冲击,为治国理政提供坚实的理论和数据支撑,为提早应对人工智能技术发展与应用带来的社会影响做出战略部署

6.3 数字经济

数字经济是智能计算应用的又一重大领域。数字经济是指以使用数字化知识和信息作为关键生产要素,以现代信息网络作为重要载体,以信息通信技术的有效使用作为效率提升和经济结构优化的重要推动力的一系列经济活动。

当今世界正经历百年未有之大变局,国际经济、科技、文化、安全、政治等格局正发生深刻变革。数字经济已然成为全球大变局下可持续发展的新动能,对全球经济的贡献持续增强,发展数字经济也逐渐成为各国的重要战略部署。数字经济对国民经济的贡献日益显著,数字经济正在孕育全新的商业模式和经济活动,并对传统经济进行渗透和补充,推动传统经济的转型升级,成为拉动我国经济增长的新引擎。

数字经济作为国家重点关注的经济方向,各种技术的革新层出不穷。智能计算的发展和人工智能技术的革命也在不断更新着经济模式。智能计算推动下的数字经济势必会催生很多新的经济业态,新的消费需求与新的商业模式将不断涌现。可以预见,智能计算在数字经济方面的新应用将会推动数字经济产业蓬勃发展。

在智能制造领域,无人工厂正在一步步成为现实,而智能机器人是无人工厂的关键。传感器对智能机器人至关重要,智能机器人失去传感器,就像人类失去"五感",无法感知周围的环境,日常动作将变得无比艰难。触觉作为机体运动的重要感觉之一,在传感器研发中具有不可取代的地位。之江实验室依托微纳光纤传感技术,研制了一系列高灵敏度的柔性触觉传感器[18-20]。这些传感器模拟人类触觉感知系统,在灵敏度、响应时间、抗疲劳性和器件功耗等方面表现优异。柔性聚合物包埋的微纳光纤如同皮肤中的神经,这些"神经"能够感受压力、拉伸、弯曲、滑动等变化,还能测量温度、湿度等环境参数。只要融合这些数据,触觉传感器就可以感知物体的硬度、纹理和轮廓等特性。基于微纳光纤的感知原理,这种

"光学皮肤"传感器不仅可以贴在皮肤上监测生理指标,还可以与手套集成,感知手部关节的运动,实现对机械手的远程精准操控。在智能医疗领域,微纳光纤触觉传感器可提供轻量、便捷、无感的指标测量服务,优化脉搏、呼吸率和体温等生理指标的测量体验。在家政服务领域,拥有这款类人皮肤的机器人,以敏锐的触觉感知为基础,能为老人和小孩提供更安全的呵护。同时,人们还可通过触摸的方式与机器人进行"情感交流",有效改善情绪、行为等方面的问题。在不久的将来,微纳光纤触觉传感器将在智能机器人、智能制造等领域大显神通,并携手虚拟现实等新技术,为使用者营造触感逼真、身临其境的奇妙体验。

数字经济产业蓬勃发展,打开了新的产业格局和巨大市场,同时与传统经济交融互通,给人们带来各种社会福利。智能计算终将渗透到数字创意等领域(表 6-3),切实融入大众的生产、生活,推动经济发展和人民生活水平提高。

表 6-3　智能计算在数字经济中的潜在应用领域

潜在应用领域	应用展望
智能制造	智能计算赋予了机器人学习能力和灵活性,使制造业逐渐从"自动化"迈向"智能化"和"无人化"。随着机器人新型结构、材料、驱动与仿生、运动控制与定位导航、环境感知与场景理解等关键技术的发展,智能机器人将在智能制造领域发挥更大作用
数字创意	运用机器学习支持图像、视频等数字内容的创作已经成为数字创意领域的发展焦点。构建基于知识的机器人类人智能决策系统,研究可控、可解释的、符合设计认知的数字创意智能设计技术,实现高分辨率/高帧率等数字创意内容的可控生成,在影视、新闻、教育等行业中进行应用
元宇宙	以智能计算赋能数字孪生、智能感知与感官呈现等未来数字生态的形式出现,满足元宇宙时代大规模用户实时虚拟沉浸体验对智能计算及超级计算算力等方面的技术要求
智慧物流	基于强大算力基础、大规模数据模型、领域知识与认知推理等智能计算能力,推动智慧物流发展,使得无人送货成为现实
智慧社区	以智能计算技术为支撑,集成人工智能、物联网、云计算、大数据等新一代信息技术,在门禁、监控、物管、信息发布等场景形成信息化、智能化的新型社区管理体系,推动智慧社区的加速发展

6.4 生命健康

生命健康是智能计算服务民生的重要方面，具体涉及医疗卫生、重大疾病防控、食品药品安全等重大民生问题。智能计算技术的应用在一定程度上能为医疗资源分布不平衡、技术壁垒高、药物研发周期长等问题提供解决方案，并能极大地推动医疗服务水平向前发展，提高社会整体医疗水平，增强疾病防控能力，从而深刻影响行业的迈进方向。如今，在智能计算的有力助推下，生命健康的多个领域已经发生显著变化。

之江实验室科研团队研发的多中心智能医学信息平台[21]以新一代医学人工智能理论及应用技术为基石，利用智能计算技术，构建国际一流的多中心智能医学信息深度利用体系。平台从"沉睡"在不同医疗机构的海量医疗数据中"打捞"出有用信息，实现对肾脏病、肺癌、肠癌、小儿抽动症等疾病的早期筛查，为这类疾病的高精尖医学研究和临床实践提供支撑。2007—2019年间，平台的知识图谱在非肾病的电子病历中发现7万余名慢性肾病风险患者。平台经分析、推理后，筛查出一批符合慢性肾病确诊标准的病例。从最终确诊结果来看，平台的准确率高达80.7%。这对医生识别慢性肾病患者、及时调整治疗方案有很大的帮助。

新冠肺炎疫情已成为全球共同关注的公共卫生事件。如何在疫情防控中充分发挥基层、社区全科医生的作用？如何推动人工智能赋能分级诊疗，引导居民有序就医，减少不必要的交叉感染？这些事关战疫、更意在长远的研究课题成为之江实验室科研团队着力攻关的重要任务。"面向全科医生的新冠肺炎风险评估决策支持系统"正是在这样的背景下研发的[22]。该系统由之江实验室组织系统的设计、研发，由浙江大学医学院附属第一医院（简称浙大一院）提供医学指导和临床应用、推广。该系统面向有新冠肺炎风险筛查需求的人群（包括社区、复工企业、海外华侨等），以全科医生为核心，提供"自我评估""线上指导评估""线下面诊评估"等多层次、多场景的专业新冠肺炎风险评估服务。该系统基于光学字符识别、医学自然语言处理和电子病历知识图谱等人工智能前沿技术，可以解析用户上传的检查及化验报告单，自动识别报告中与新冠肺炎相关的异常指标，并结合流行病学及相关症状，自动评估用户新冠肺炎风险等级。系统核心智能评估模型还可以根据国家政策与专家意见进行动态调整和学习优化，不断提升评估的可靠性。该系统在浙大一院全科医学科、余杭区第二人民医院中泰分院、绍兴第二医院医共体漓渚分院等机构开展试用。在全球疫情进入"大流行"的关键时刻，该系统跟随浙大一院海外义诊"云出海"，为美国、英国、加拿大、日本、德国等 18 个国家和地区的华人华侨提供智能评估服务。

正电子发射计算机体层成像（positron emission tomography and computed tomography，PET-CT）是"现代医学高科技之冠"，在肿瘤筛查以及神经系统疾病和心血管疾病的诊疗评估等方面已有极为广泛的应用[23]。传统低剂量正电子发射体层成像（positron emission tomography，PET）一般基于图像处理的技术路线，即在 PET-CT 设备输出图像之后，通过图像后处理提升图像质量，而这种技术路线经常导致图像伪影与定量误差。传统 PET 在重建的过程中已经损失了很多信息，丢失的信息极难通过后期处理恢复，最终图像质量也很难优化。为了从源头上解决图像质量问题，之江实验室科研团队创新研发了基于 PET 原始数据的深度学习成像算法[24]，结合 PET 重建的物理模型，将处理对象直接推进至影像设备内部的原始数据，大大减少了有效信息的丢失，从而获得更清晰的 PET 图像和更强的小病灶检测能力。令人振奋的是，这套自主研发的算法能够直接赋能影像设备，形成软硬件一体化系统。初步临床评估显示，之江实验室科研团队研发的超低剂量 PET 重建技术，能够在减少身体扫描 50% 辐射剂量、头部扫描 70% 辐射剂量的情况下，实现信噪比、分辨率、定量精度的多目标优化。

随着智能计算技术的不断发展与更广泛应用，生命健康在医学影像、辅助医生诊疗决策、生理系统仿真等多个领域（表 6-4）朝着更加智能、便捷、高效的方向发展，不断为人类健康事业带来突破与进步。

表 6-4　智能计算在生命健康中的潜在应用领域

潜在应用领域	应用展望
医学影像	对医学图像和信息进行计算机智能化处理,使图像诊断摒弃传统的肉眼观察和主观判断。借助计算机技术,对图像的像素点进行分析、计算、处理,得出相关的完整资料,为医学诊断提供更丰富、客观的信息
辅助医生诊疗决策	智能计算将参与到电子病历建设中,为医生和其他卫生从业人员提供临床决策支持,通过计算、数据、模型等辅助完成临床决策,降低用药不当或操作不当造成医疗事故的概率
生理系统仿真	利用智能计算高效、智能的技术特点,建立物理、化学、数学模型来模拟生理系统,解决生物医学中有关作用机制的基础性问题,支撑智能化医疗设备研发
组学信息分析	利用智能计算技术对信息进行存储、共享、挖掘和分析,用于突破基因测序、蛋白质分析、代谢产物分析等技术产生的海量数据和信号难以高效处理的瓶颈问题
公共卫生管控	用于对社交媒体数据或者搜索引擎数据进行分析,评估公共卫生事件(如新冠肺炎疫情)暴发严重程度,预测事件发展趋势。通过打造公共卫生事件智能管理系统(如健康码),监测移动数据,实现疾病管控
远程诊疗	通过智能计算的端-边-云协同,对个体生命体征进行实时感知和监测,及时发现和定位问题,并为患者的远程诊疗提供帮助
慢性病监测	通过可穿戴设备,不间断收集患者身体状况相关信息、、基于数据分析和比对,实现慢性病监测预警,助力慢性病管理

参考文献

[1]董建新.材料分析方法[M].北京:高等教育出版社,2014.

[2]邓海游,贾亚,张阳.蛋白质结构预测[J].物理学报,2016,65(17):176-186.

[3]Reddy J N. Introduction to the Finite Element Method[M]. Columbus, OH: McGraw-Hill Education,2019.

[4]Feng Y, Li D, Yang Y P, et al. Frequency-dependent polarization of repeating fast radio bursts—implications for their origin[J]. Science,2022,375(6586):1266-1270.

[5]Petroff E, Hessels J W T, Lorimer D R. Fast radio bursts[J]. The Astronomy and Astrophysics Review,2019,27(4):1-75.

［6］Rane A，Lorimer D. Fast radio bursts［J］. Journal of Astrophysics and Astronomy，2017,38(3):1-13.

［7］Cao D，Shen X，Wang A，et al. Threshold potentials for fast kinetics during mediated redox catalysis of insulators in Li-O₂ and Li-S batteries［J］. Nature Catalysis,2022: 1-9.

［8］Li G，Chen X，Zhou F，et al. Self-powered soft robot in the Mariana Trench［J］. Nature,2021,591(7848):66-71.

［9］Moult J. A decade of CASP：Progress，bottlenecks and prognosis in protein structure prediction［J］. Current Opinion in Structural Biology,2005,15(3):285-289.

［10］Senior A W，Evans R，Jumper J，et al. Improved protein structure prediction using potentials from deep learning［J］. Nature,2020,577(7792):706-710.

［11］AlphaFold：A solution to a 50-year-old grand challenge in biology［EB/OL］. (2020-11-30) ［2022-03-20］. https://www. deepmind. com/blog/article/alphafold-a-solution-to-a-50-year-old-grand-challenge-in-biology.

［12］Jumper J，Evans R，Pritzel A，et al. Highly accurate protein structure prediction with AlphaFold［J］. Nature,2021,596(7873):583-589.

［13］Bileschi M L，Belanger D，Bryant D H，et al. Using deep learning to annotate the protein universe［J］. Nature Biotechnology,2022:1-6.

［14］Torrisi M，Pollastri G，Le Q. Deep learning methods in protein structure prediction ［J］. Computational and Structural Biotechnology Journal,2020,18:1301-1310.

［15］Wang K，Zhou R，Li Y，et al. DeepDTAF：A deep learning method to predict protein-ligand binding affinity［J］. Briefings in Bioinformatics,2021,22(5):bbab072.

［16］Renaud N，Geng C，Georgievska S，et al. DeepRank：A deep learning framework for data mining 3D protein-protein interfaces［J］. Nature communications,2021,12 (1):1-8.

［17］之江实验室.敏行而慎思——开展人工智能社会治理实验［R］. 2020.

［18］Zhang L，Pan J，Zhang Z，et al. Ultrasensitive skin-like wearable optical sensors based on glass micro/nanofibers［J］. Opto-Electronic Advances,2020,3(3):190022.

［19］Jiang C，Zhang Z，Pan J，et al. Finger-skin-inspired flexible optical sensor for force sensing and slip detection in robotic grasping［J］. Advanced Materials Technologies,2021,6(10):2100285.

［20］Pan J，Zhang Z，Jiang C，et al. A multifunctional skin-like wearable optical sensor based on an optical micro-/nanofibre[J]. Nanoscale,2020,12(33):17538-17544.

[21]李劲松,王执晓,周天舒,等.一种基于通用医疗术语库的多中心医疗术语标准化系统:CN110349639A[P].2019-10-18.

[22]Liu Y,Wang Z,Ren J,et al. A COVID-19 risk assessment decision support system for general practitioners:Design and development study[J]. Journal of Medical Internet Research,2020,22(6):e19786.

[23]Chen L,Liu K,Shen H,et al. Multi-modality attention-guided three-dimensional detection of non-small cell lung cancer in 18F-FDG PET/CT images[J]. IEEE Transactions on Radiation and Plasma Medical Sciences,2021.

[24]Rao F,Yang B,Chen Y W,et al. A novel supervised learning method to generate CT images for attenuation correction in delayed pet scans[J]. Computer Methods and Programs in Biomedicine,2020,197:105764.